“院士专家科普创作工作室”试点项目资助

微虫小记丛书

龙红岸 主编

草履虫烦恼记

倪家豪 李海潮 潘 娇 龙红岸/著 周 军/绘

中国海洋大学出版社

· 青岛 ·

图书在版编目（CIP）数据

草履虫烦恼记 / 倪家豪等著. —青岛 ： 中国海洋大学出版社，2022.11

（微虫小记丛书/龙红岸主编）

ISBN 978-7-5670-3308-5

Ⅰ. ①草… Ⅱ. ①倪… Ⅲ. ①草履虫－少儿读物 Ⅳ.①Q959.117-49

中国版本图书馆CIP数据核字(2022)第201539号

书　　名　草履虫烦恼记
　　　　　CAOLÜCHONG FANNAO JI
出版发行　中国海洋大学出版社
社　　址　青岛市香港东路23号　　邮政编码　266071
网　　址　http://pub.ouc.edu.cn
出 版 人　刘文菁
责任编辑　董　超
电　　话　0532-85902342
电子信箱　465407097@qq.com
印　　制　青岛澳舟印务有限公司
版　　次　2022年11月第1版
印　　次　2022年11月第1次印刷
成品尺寸　190 mm × 255 mm
印　　张　10.75
字　　数　17千
印　　数　1—2000
定　　价　148.00元（全三册）
订购电话　0532-82032573(传真)

宋微波院士寄语

三个世纪之前，随着高分辨率显微镜的应用，肉眼看不到的单细胞微型生物——原生生物，开始进入人们的视野。这些充满智慧的小生命，捕食、避害、社交、生长、繁育、生生不息，构成了一个种类浩繁、形态多样的微观世界。而作为这个微观社会的重要一员，纤毛虫也逐渐为人所知：这些浑身长满纤毛的微小生物，尽管其自身仅仅是单个细胞，但顽强地适应和充满生机地遍布在地球上的每个角落，分布在从极地到深渊、从江河到土壤等环境中。在我们所赖以生存的地球上，它们默默地奉献，辛勤地承担着各种各样的生物学角色：帮助清洁水体，标记和指示环境的健康状况，协助微食物网中物质的流动与能量的循环，等等。当然也有一些种类会给人类生活制造麻烦，比如感染水产动物，造成大量的经济损失。

纤毛虫同时也是生物学研究中的重要模式材料，在它们的体内具有两种独特的细胞核：大核和小核，二者担负着不同的生理功能并因此而演绎出众多神奇的生物

学现象。人们在对这些现象和功能的深入探究中，解答了很多前所未知的生命秘密。

“微虫小记”通过一线科学工作者和专业插画师的共同努力，将纤毛虫从显微镜下展现到可视、可读的信息窗口中，向读者介绍这一大类微型生物的迷人与绚烂。这些丛书主角们既有明星级的草履虫，也有鲜为人知的肾形虫和迈阿密虫。

我深切理解和赞同作者的愿望：见微知著、寓教于乐，让读者在阅读的过程中了解这个存在于我们身边、不易被察觉的微观世界。希望读完这套丛书，小朋友们能认识、关注并喜欢上这些奇妙的小生命们：在未来的探索路途中，不再错过这些别样的风景。

宋微波

2022年8月10日

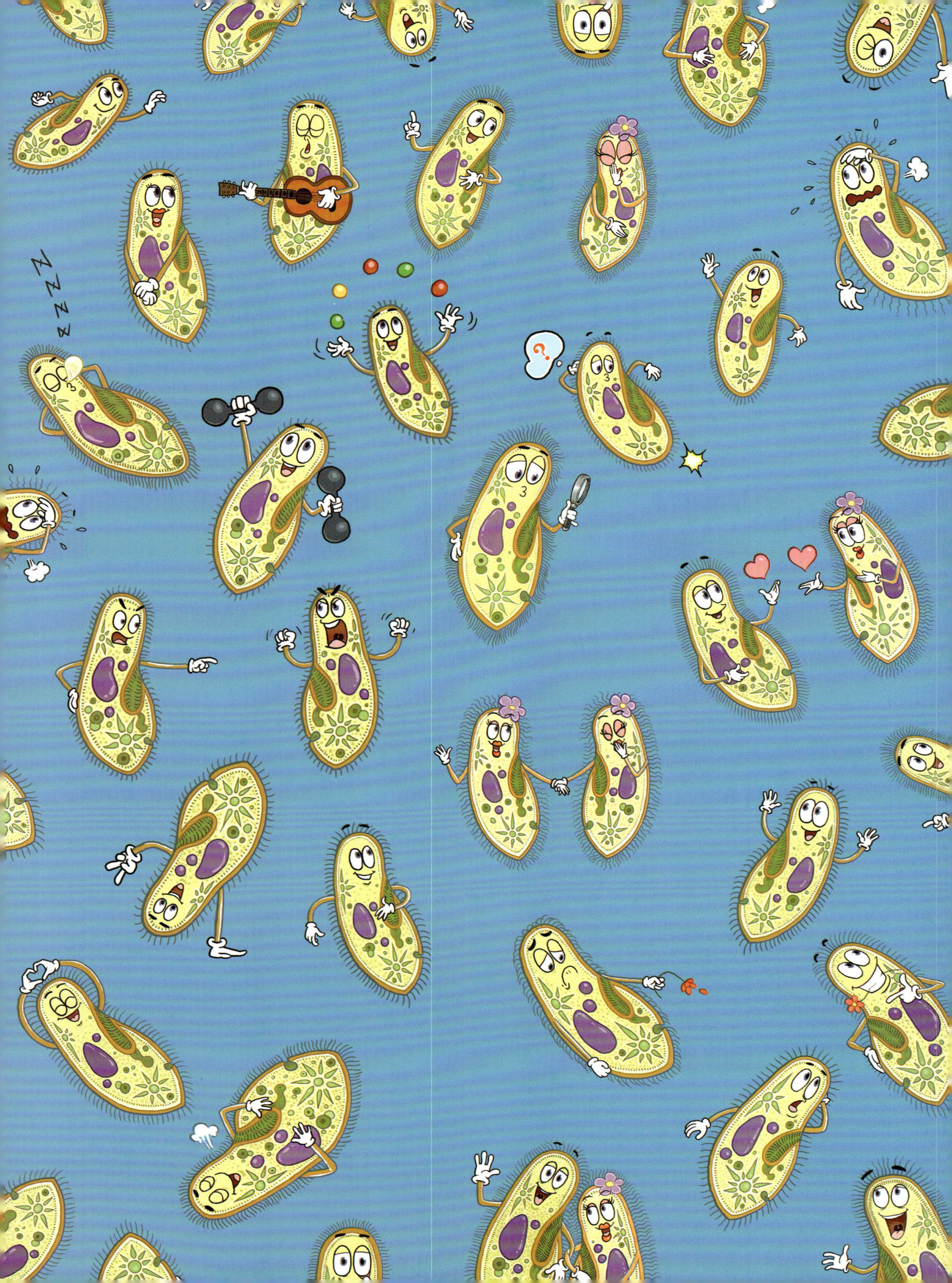

故事发生在这个小池塘里。

弦月池

池塘水里生活着许多生物……

这是池塘里的一滴水
放大300倍后我们看到的一群
可爱的纤(xiān)毛虫们!

纤毛虫有着极其漫长的演化史。池塘水里的这些可爱又不同的纤毛虫，在很久很久以前有一个共同的祖先，就在这棵系统演化树的根部位置。

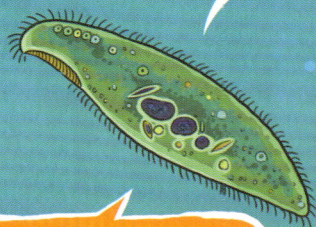

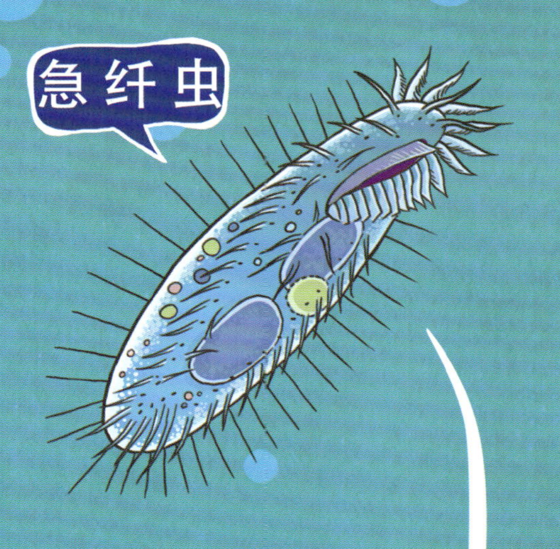

急游虫

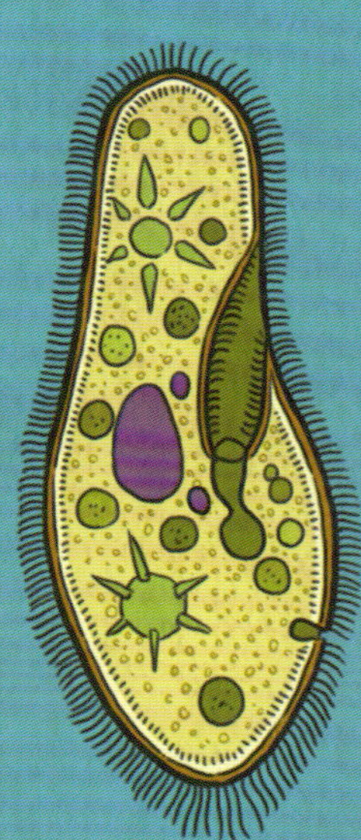

草履虫

喙(huì)纤虫

要给纤毛虫进行严格分类的话，除了它们的体形和身体上的纤毛排布外，还可以利用它们的DNA信息。DNA是绝大部分生物细胞中携带遗传信息的巨大分子，具体遗传信息由碱基排布顺序决定（字母所示），一些特殊排布的DNA在同种纤毛虫中都有，而且极少改变。但在不同种中有差别，因此被用作区分不同种类的标准。这些DNA在分类学中就像超市商品使用的条形码一样。

嗨！大家好，我是这个故事的主角——第四金黄色草履(lǚ)虫，在金黄色草履虫家族中排行老四。

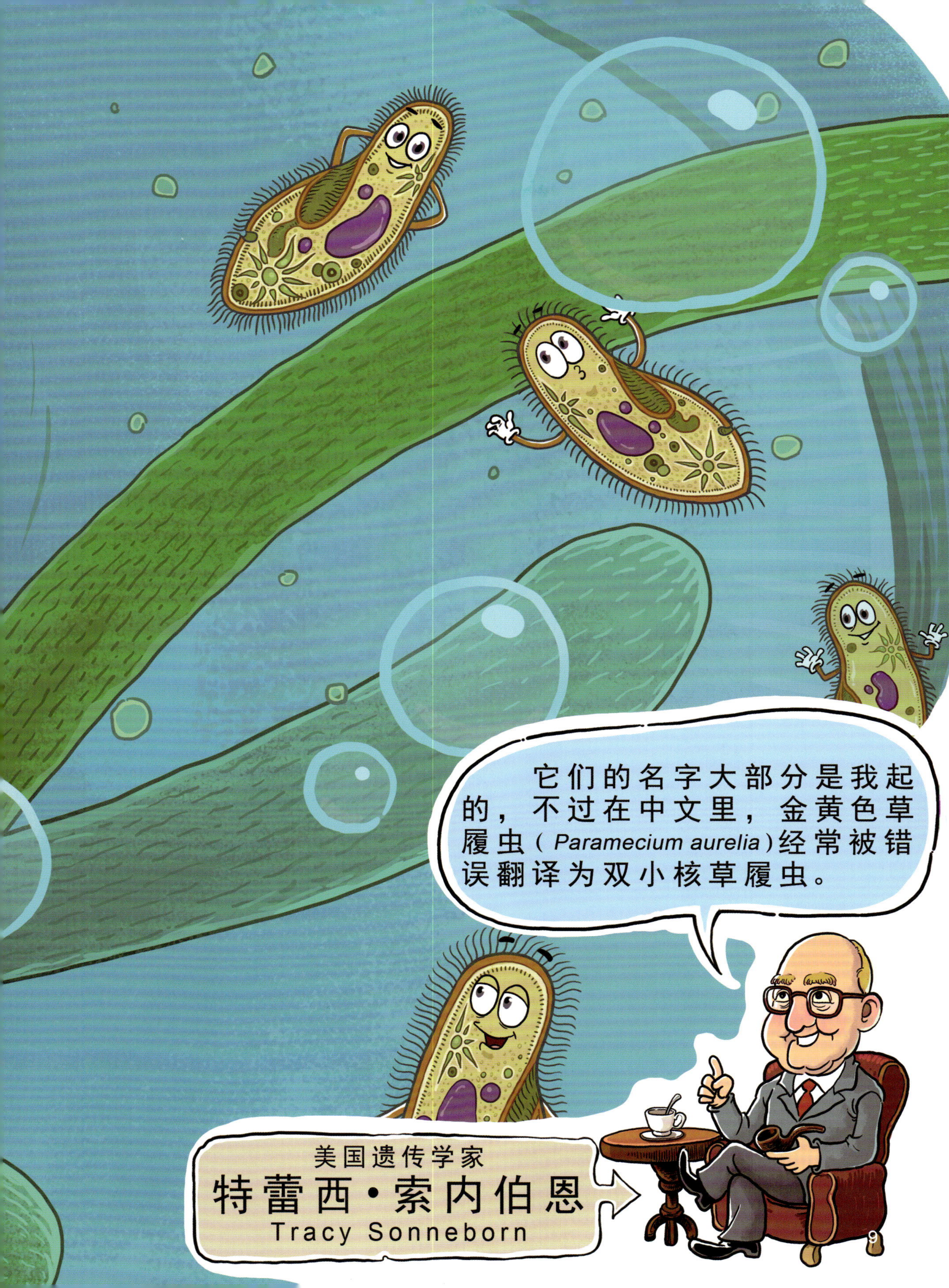
它们的名字大部分是我起的，不过在中文里，金黄色草履虫（*Paramecium aurelia*）经常被错误翻译为双小核草履虫。
美国遗传学家
特蕾西·索内伯恩
Tracy Sonneborn

金黄色草履虫一共有16个物种。
ZZZZ

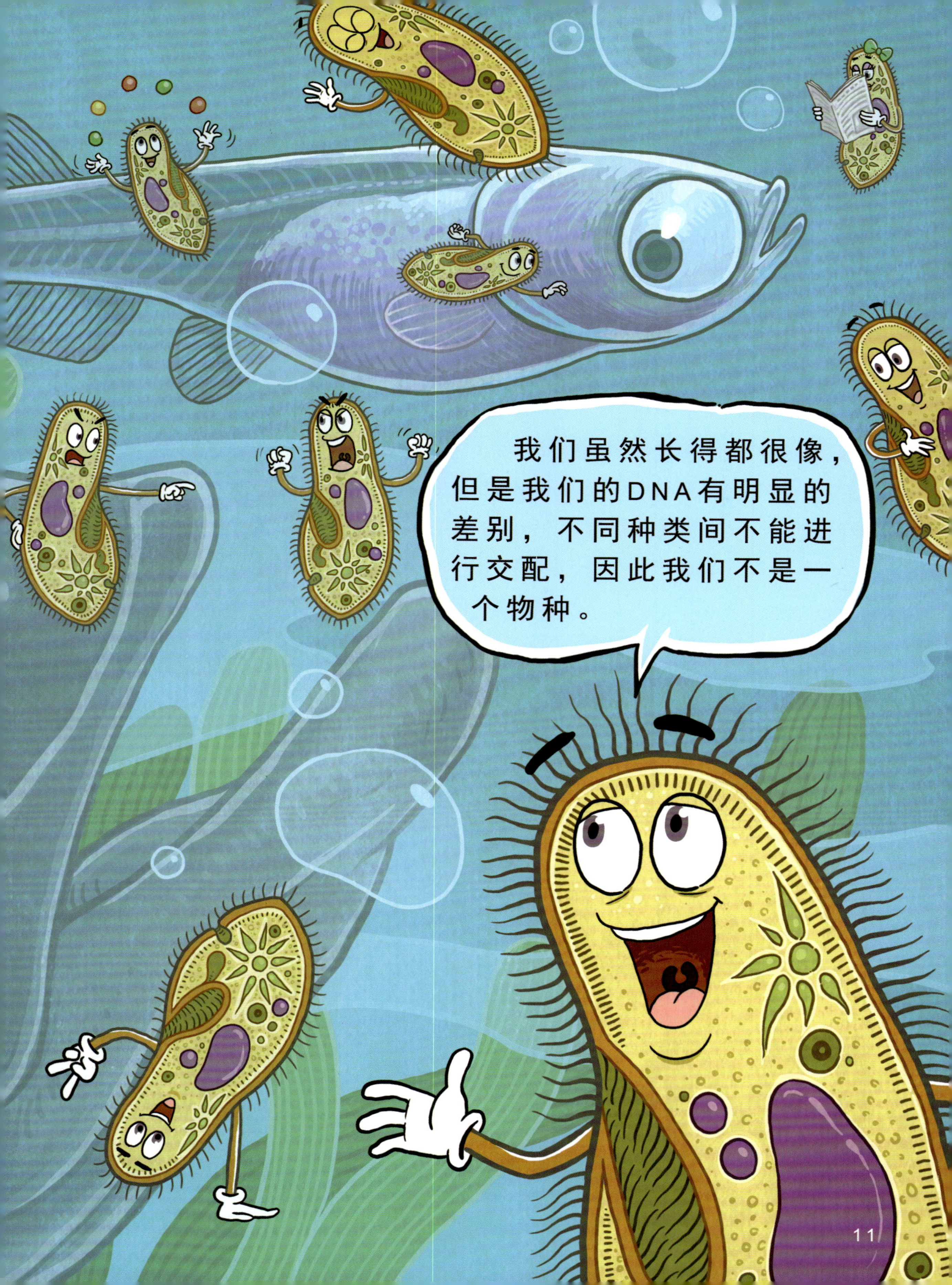
我们虽然长得都很像，但是我们的DNA有明显的差别，不同种类间不能进行交配，因此我们不是一个物种。

哇！这就是大名鼎鼎的草履虫啊！

体长
0.1毫米

我们的体形非常小，只有借助显微镜才能看清楚我们的样子。

青鳉(jiāng)鱼
体长2厘米
水蚤
这是我
青鳉鱼

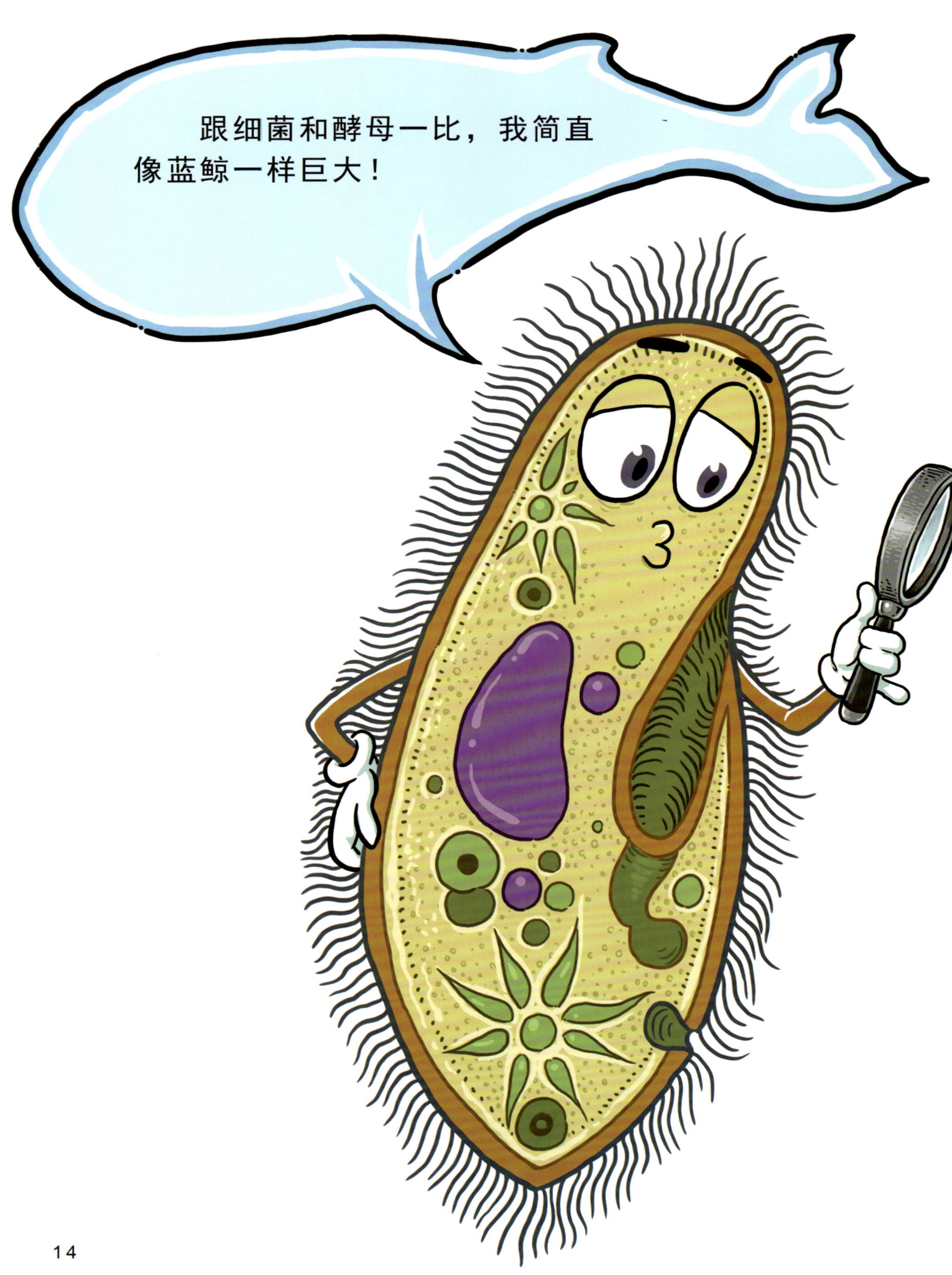
跟细菌和酵母一比，我简直像蓝鲸一样巨大！

我们草履虫在微生物世界中算是比较大的，细菌在我面前就像虾在鲸面前一样。

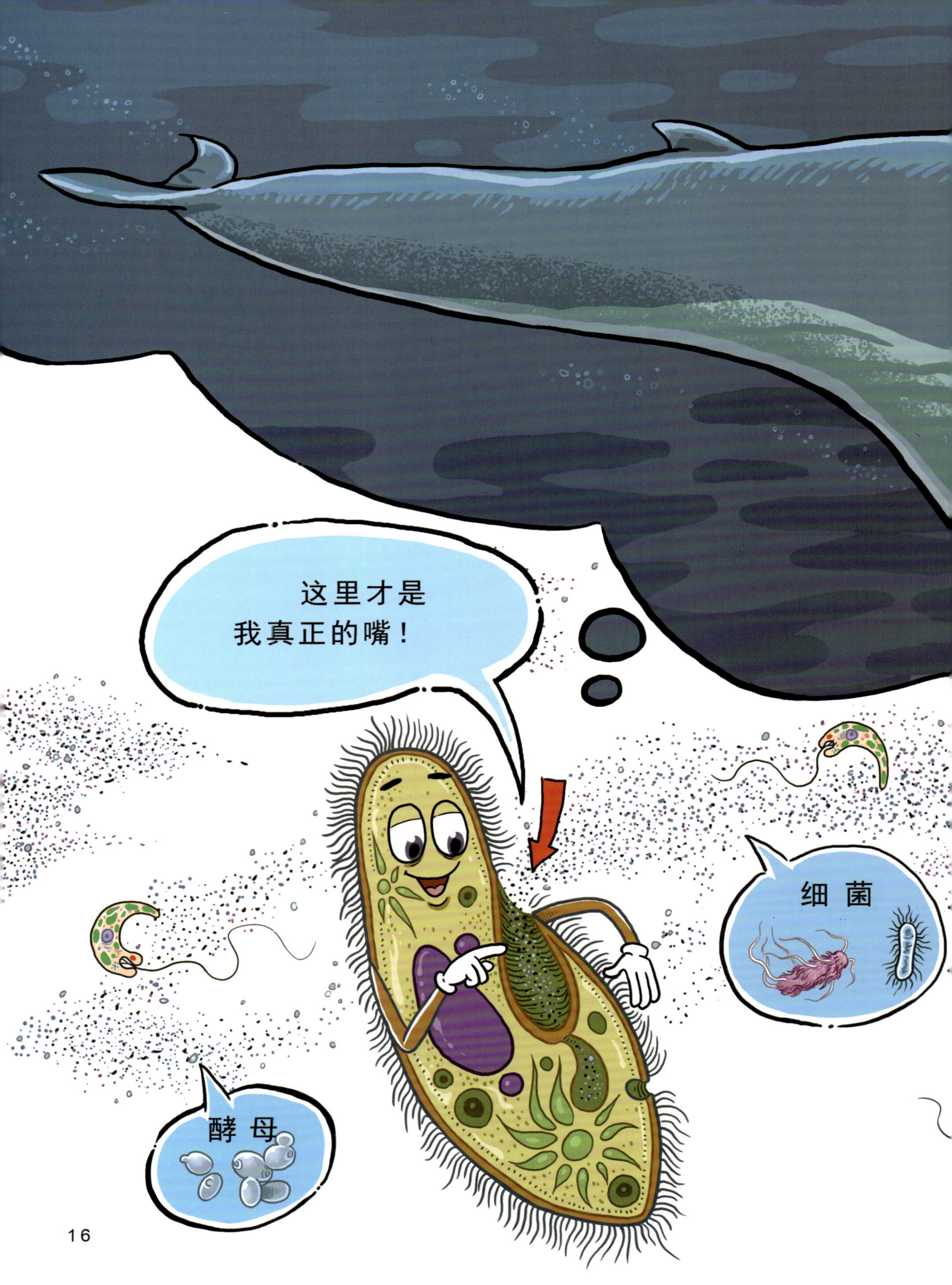
这里才是
我真正的嘴！
细菌
酵母

绿眼虫

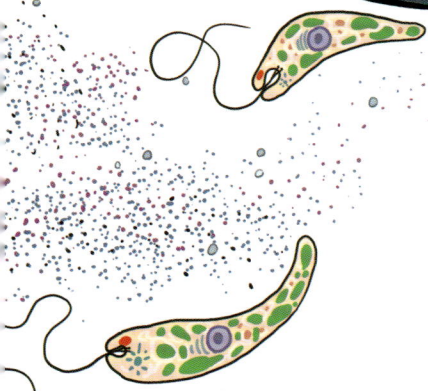

无处不在的细菌是我的美味食物。我每天张大嘴游来游去就能把很多细菌吸入我的身体里消化掉。这种进食的感觉总让我觉得自己像一头吞食磷虾的蓝鲸一样。当然除了细菌这类主食外，酵母和绿眼虫等也都是我的美味佳肴。

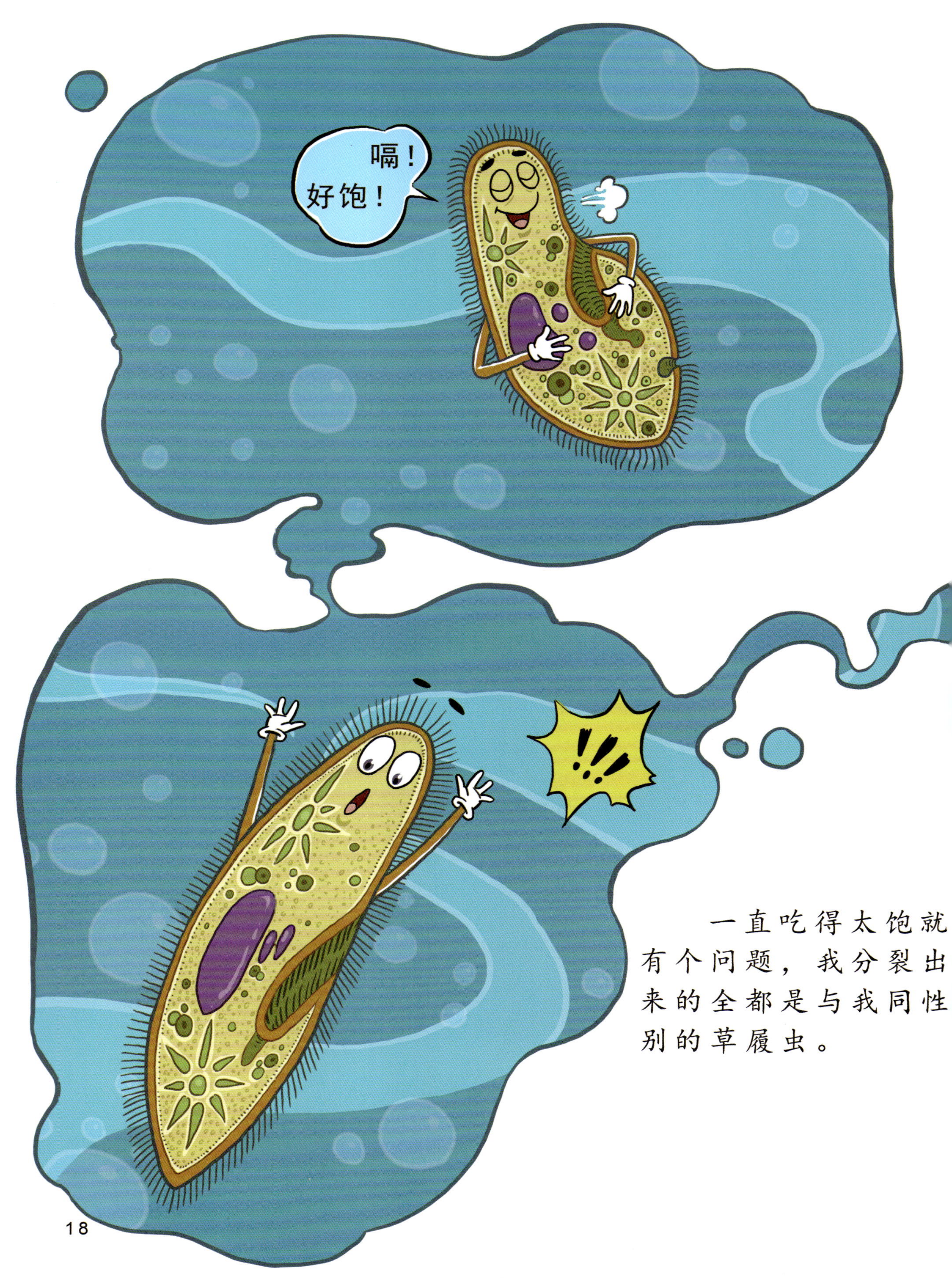

一直吃得太饱就有个问题，我分裂出来的全都是与我同性别的草履虫。

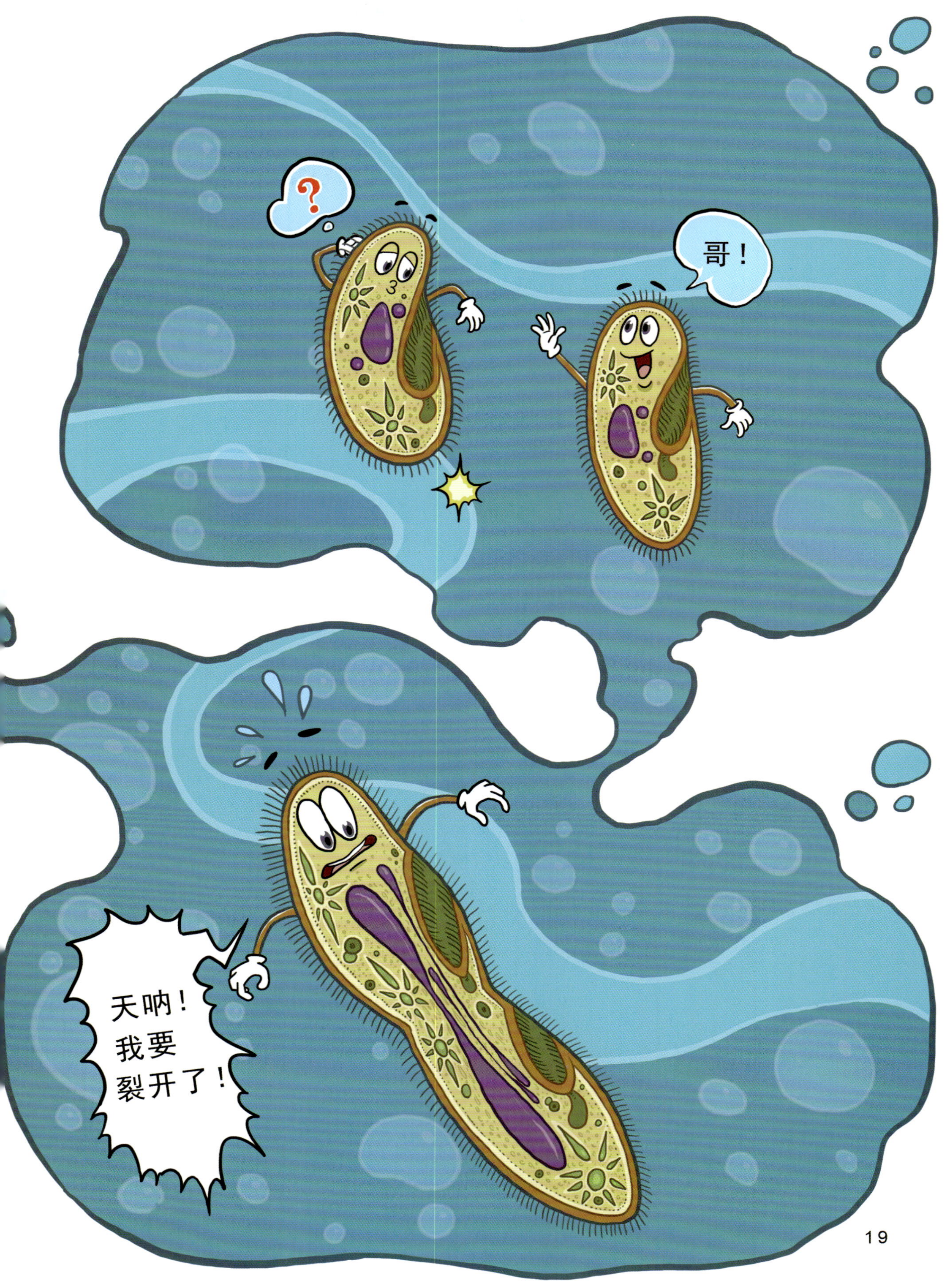
?
哥！
天呐！
我要
裂开了！

由于吃得太饱，又不停地分裂，很快我就变老了，这是为什么呢？
?

我们草履虫有两类细胞核：小核和大核。小核在交配（又叫接合生殖）的时候才起作用，可以让我们“返老还童”，遗传物质焕然一新后产生健康的后代！如果持续分裂，小核一直不起作用，大核的遗传物质就会分配不均，我们就会逐渐变老，直至死亡。

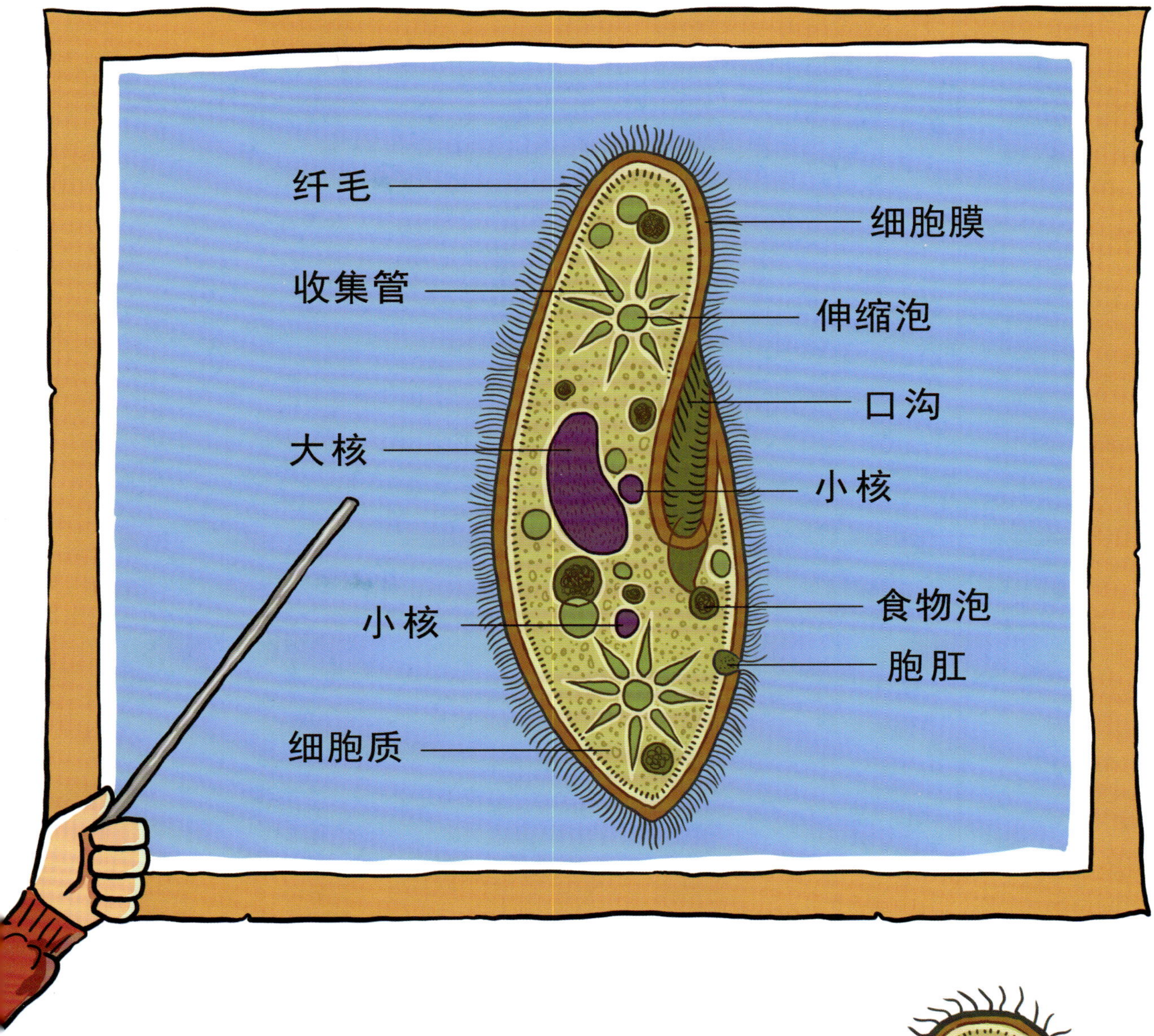

纤毛
细胞膜
收集管
伸缩泡
口沟
大核
小核
食物泡
小核
胞肛
细胞质

还有一个办法可以使我们“返老还童”，那就是饿肚子，只要一直不吃东西，小核也可以起作用，我们就会慢慢变得年轻，不过真的好饿啊……

咕咕咕……

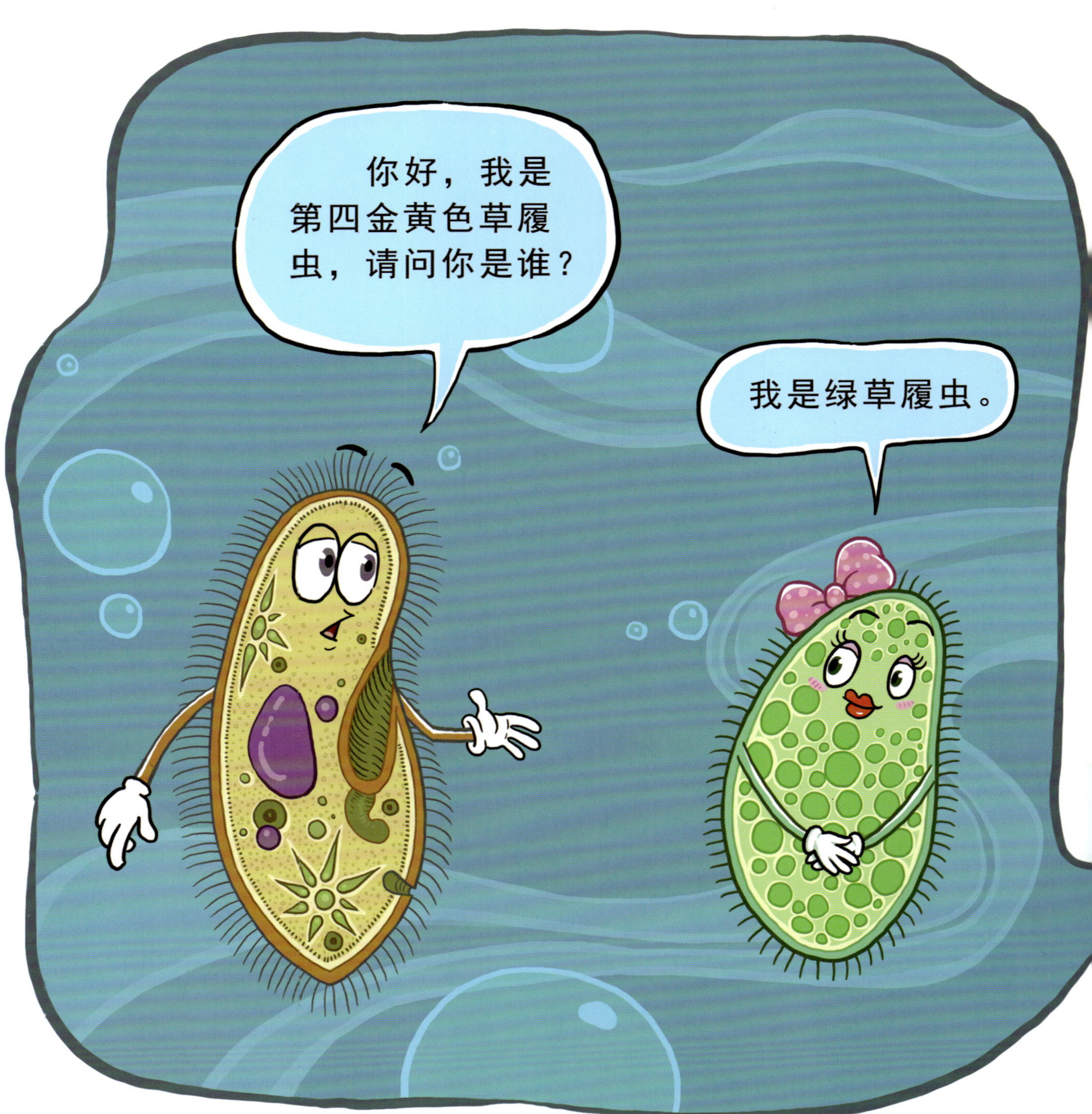

在既不想变老又不想挨饿的情况下家里就给我安排了相亲！我要和我的妻子一起永葆青春！

我开心地游向目的地，忽然看到一只绿色的纤毛虫：稍矮的个头，体内还有闪亮的绿色小球，游动起来就像是一片树叶，优雅极了。

它竟然也是草履虫……

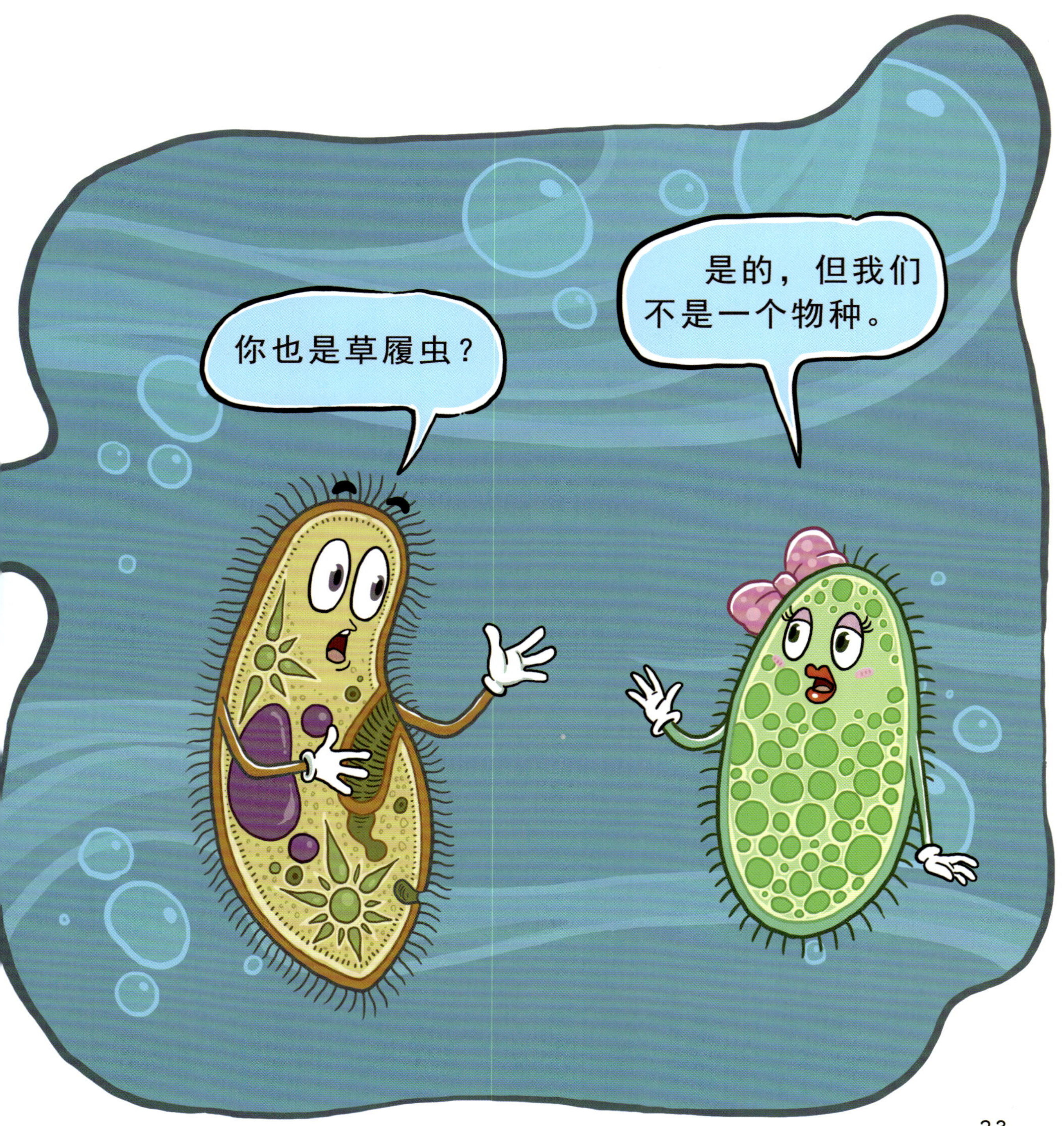

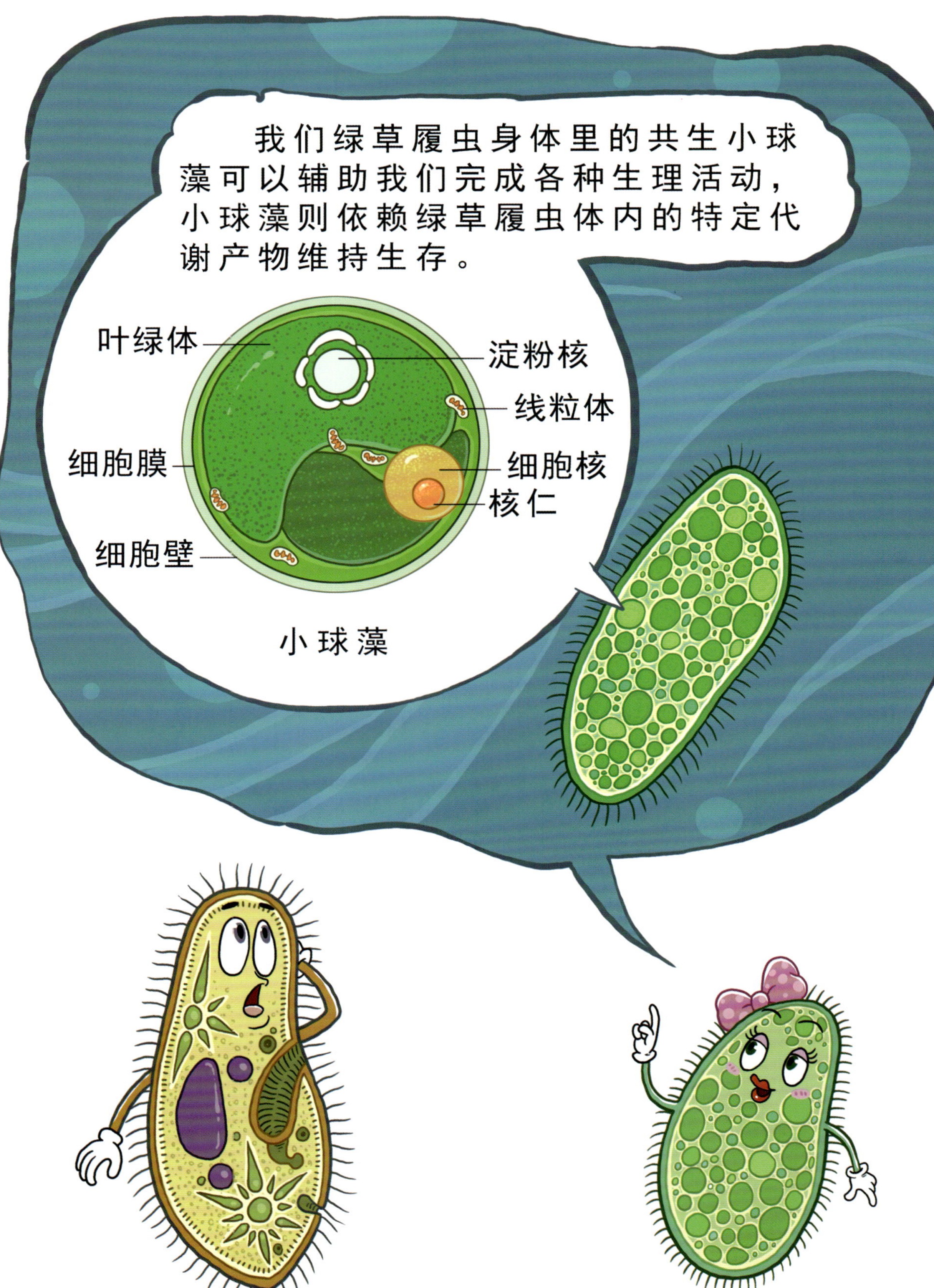
我们绿草履虫身体里的共生小球藻可以辅助我们完成各种生理活动，小球藻则依赖绿草履虫体内的特定代谢产物维持生存。
叶绿体
淀粉核
线粒体
细胞膜
细胞核
核仁
细胞壁
小球藻

绿草履虫全身的绿颜色原来是来自小球藻啊！我找遍全身，发现大核里有共生细菌，但不知道我们之间到底怎么互相帮助的。希望科学家们能通过研究给我一个答案。

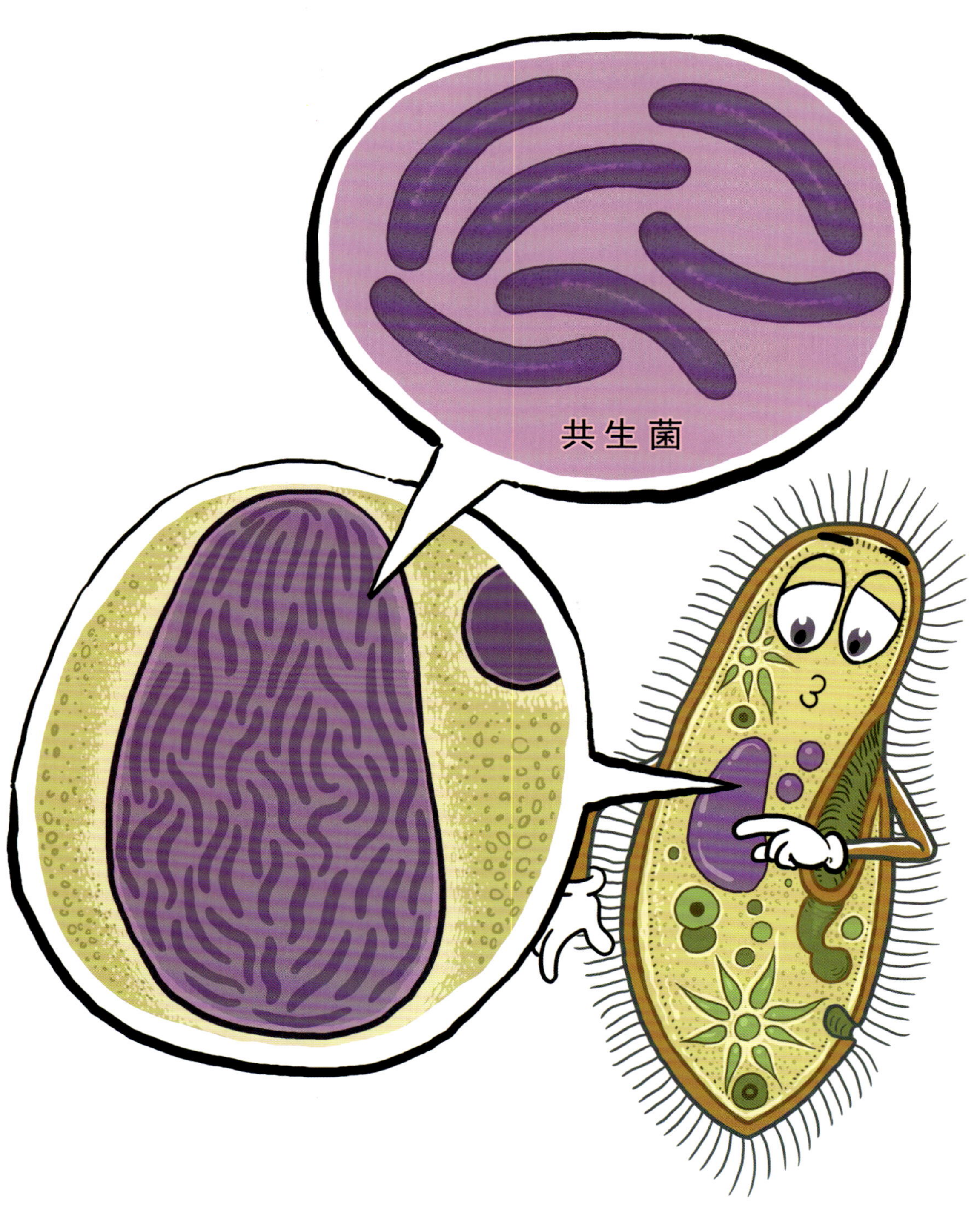

告别了绿草履虫，我又遇到了一只奇怪的虫，它身体软而透明，个头很大，而且在不停地改变自己的体形。
!!!

它伸开双臂靠近我。正要打招呼的时候，我突然看到它的身体里竟然有几只草履虫的身影，它们朝我无声地大喊！我定睛一看，居然是一只巨大的变形虫！尽管它也是单细胞的原生动物，但它可是草履虫凶残的天敌啊！

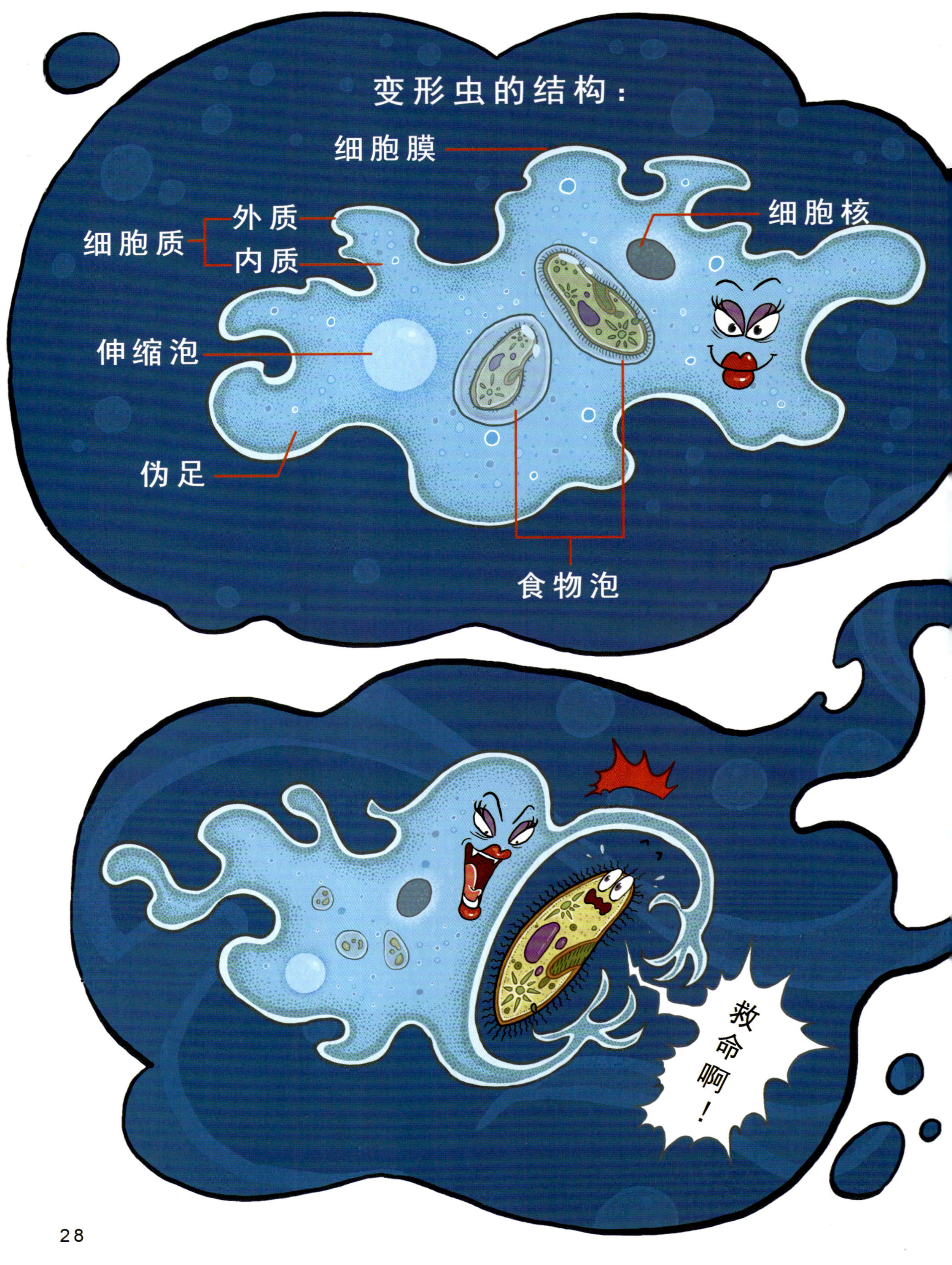
变形虫的结构：
细胞膜
外质
细胞质
内质
细胞核
伸缩泡
伪足
食物泡
救命啊！

变形虫是狡猾的捕食者，它们长得像一坨黏糊糊的鼻涕，能够任意变成各种形状。它们经常伪装成不起眼物体的样子，悄悄靠近我们，然后突然用伪足包裹住我们并吞掉。有些变形虫还像蜗牛一样有外壳。

真是太可怕了！幸亏我游得快，不然就真的没命了。

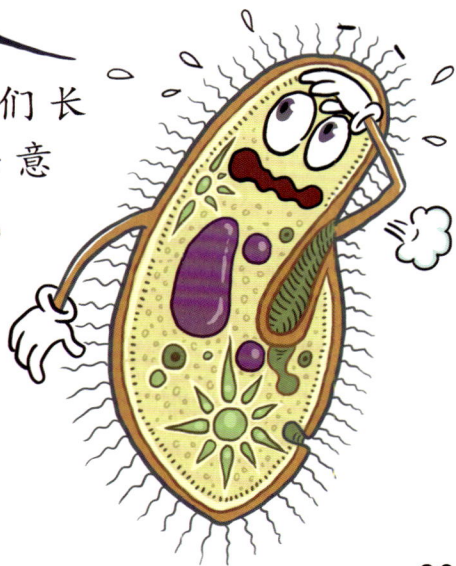

侥幸逃脱的我，很快平静下来，向着相亲目的地继续游去。

很快，一只和我长得几乎一模一样的异性草履虫出现在我的眼前。

经过深入交谈才发现，我们虽然都属于一大家族，但我是第四金黄色草履虫，它是第一金黄色草履虫。我们外形虽然长得很像，但DNA不同，依旧不是一个物种，也就无法一起“返老还童”，更不能繁殖后代。

就在我垂头丧气地游来游去的时候，有只虫游了过来。

“你是第四金黄色草履虫吗？”

“你是？”

“我闻到了你交配型O的气息，我也是第四金黄色草履虫，是交配型E，我叫草鞋妹妹。”

它羞红着脸说道。

草履虫的交配型也是我第一个发现的！

我们草履虫尽管可以通过一分为二的方式繁殖，但同时还是雌雄异体的，可以通过跟异性交配，以有性生殖的方式产生后代。交配型就是我们草履虫的性别。

我们在一起聊得非常开心，不知不觉就聊了很久，都没有发现一只可怕的栉(zhì)毛虫正慢慢地靠近我们。

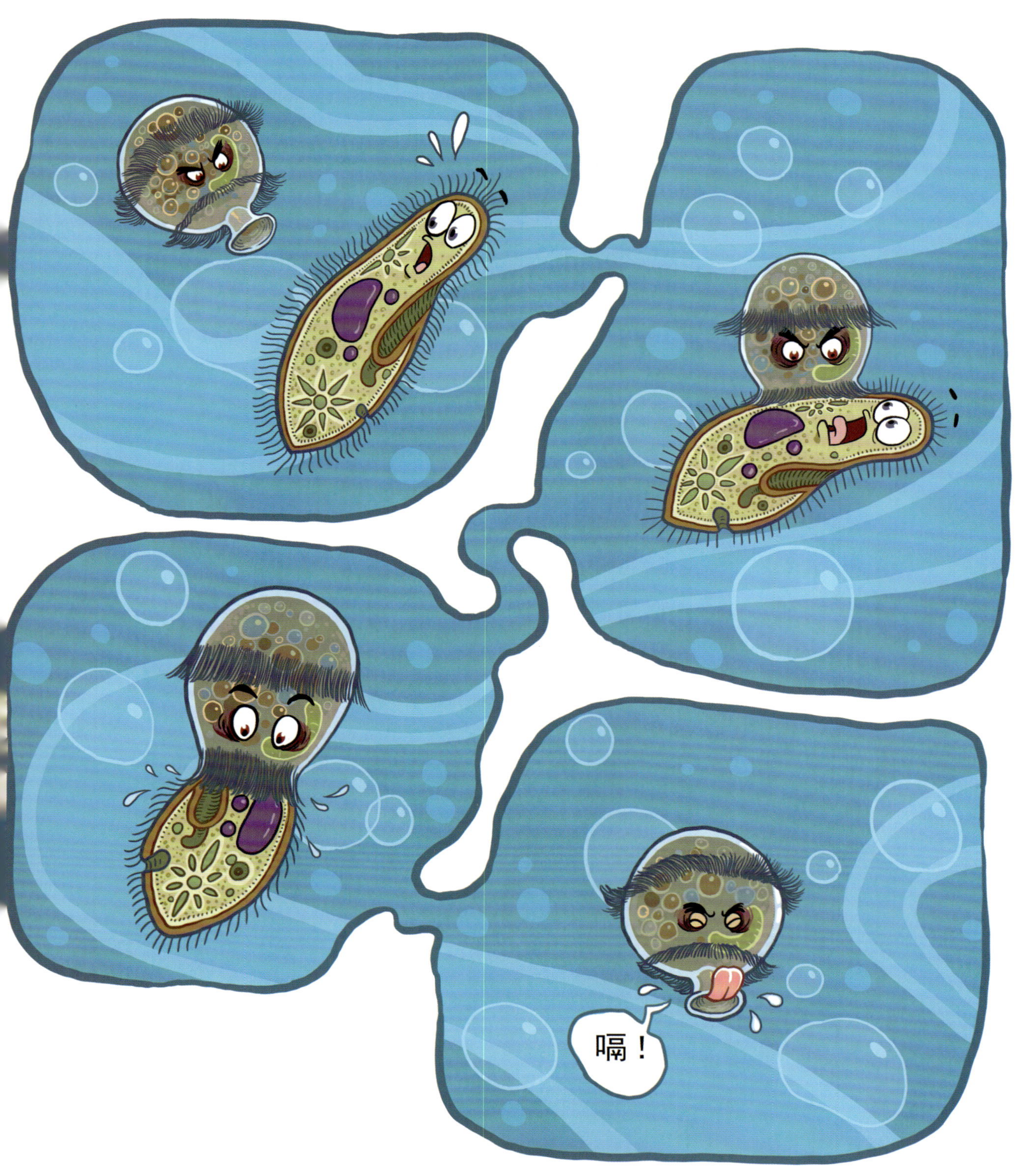

栉毛虫虽然个头比我们小，但是能像吃熟透的桃子一样，连皮带肉把我们一口吞下去。

我们逃离危险之后，我的“意中虫”吓得脸色苍白，我表演了好多才艺才把它哄开心。

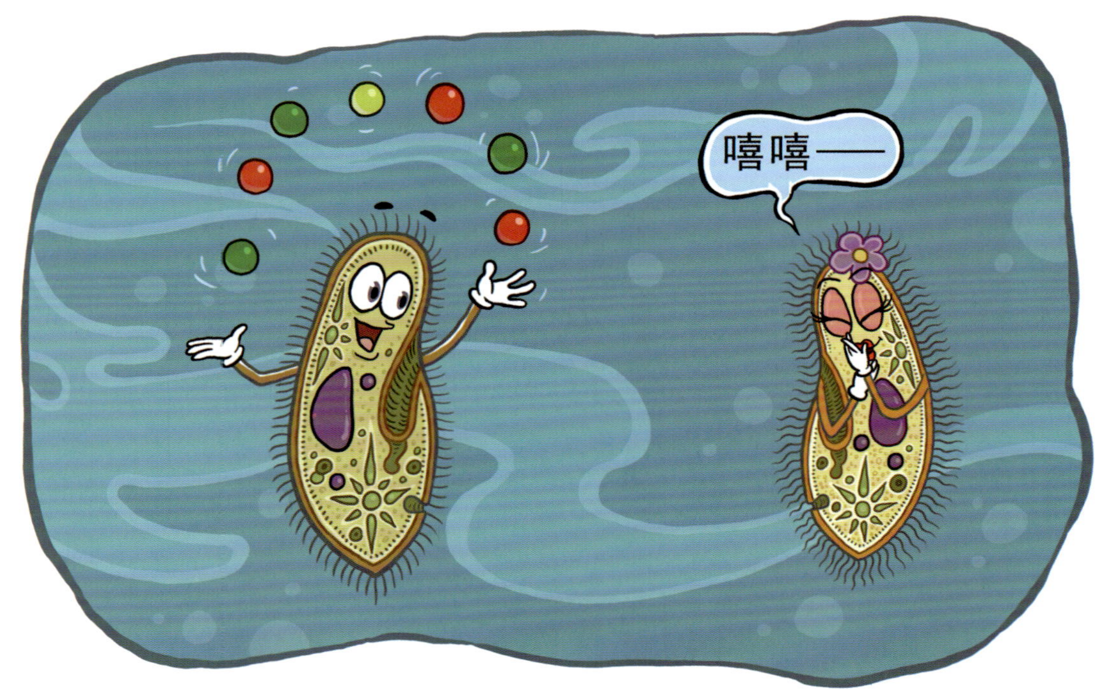

我还带它去了我常去的水域吃美味的细菌。

为了通过接合生殖交换遗传物质，我们还是要一起节食饥饿才行。接合生殖后的我们，短期内都不需要担心变老了！但如果一直饱餐下去，我们还会变老，需要节食饥饿后，再进行一次接合生殖才能“返老还童”。看来我是逃脱不了挨饿的命运了，但是有它在，这些都不算什么了。

草履虫的接合生殖

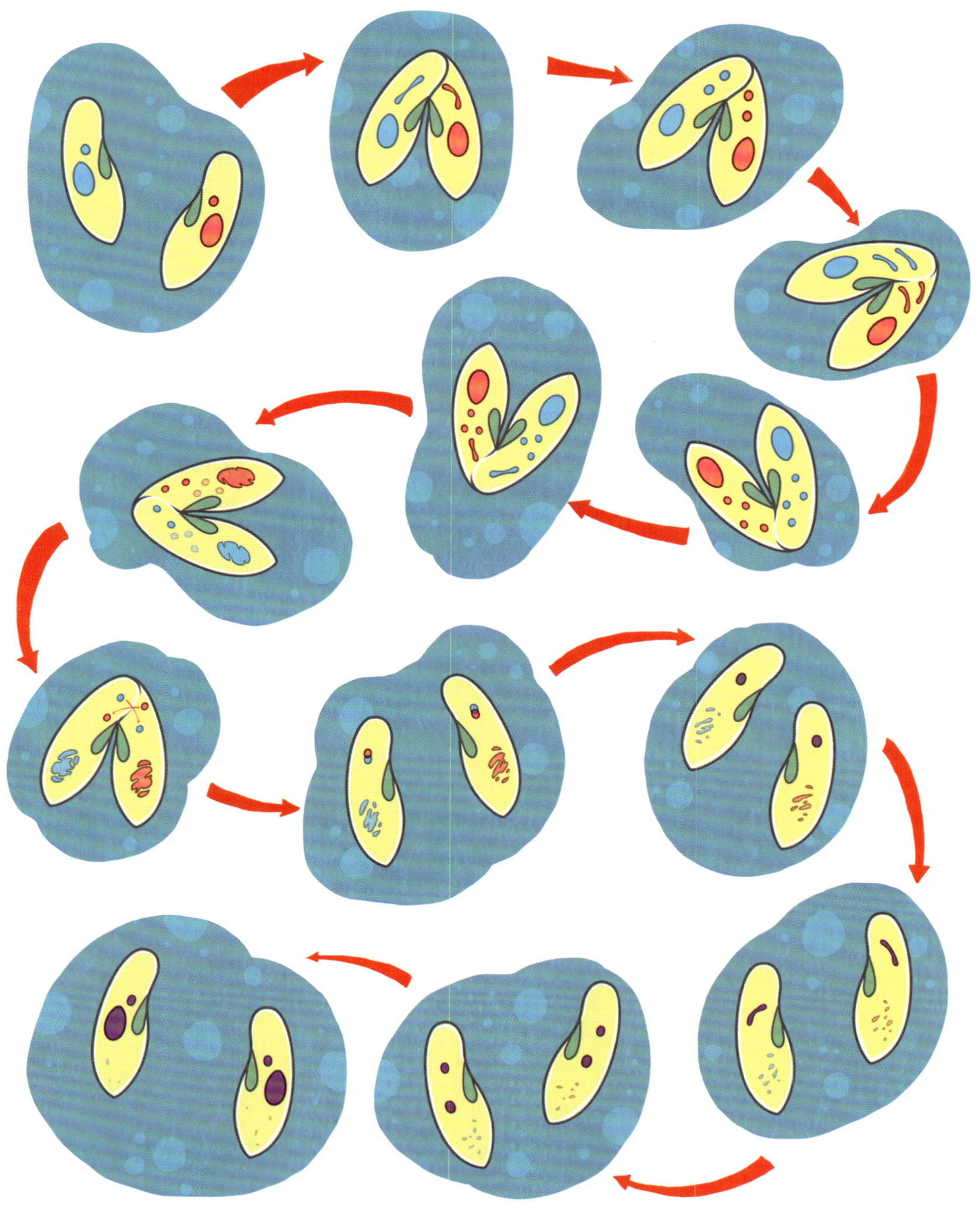

第四金黄色草履虫一般有两个小核，小核在接合生殖中的分裂过程非常复杂，为了便于理解，此处只展示一个小核的分裂过程。

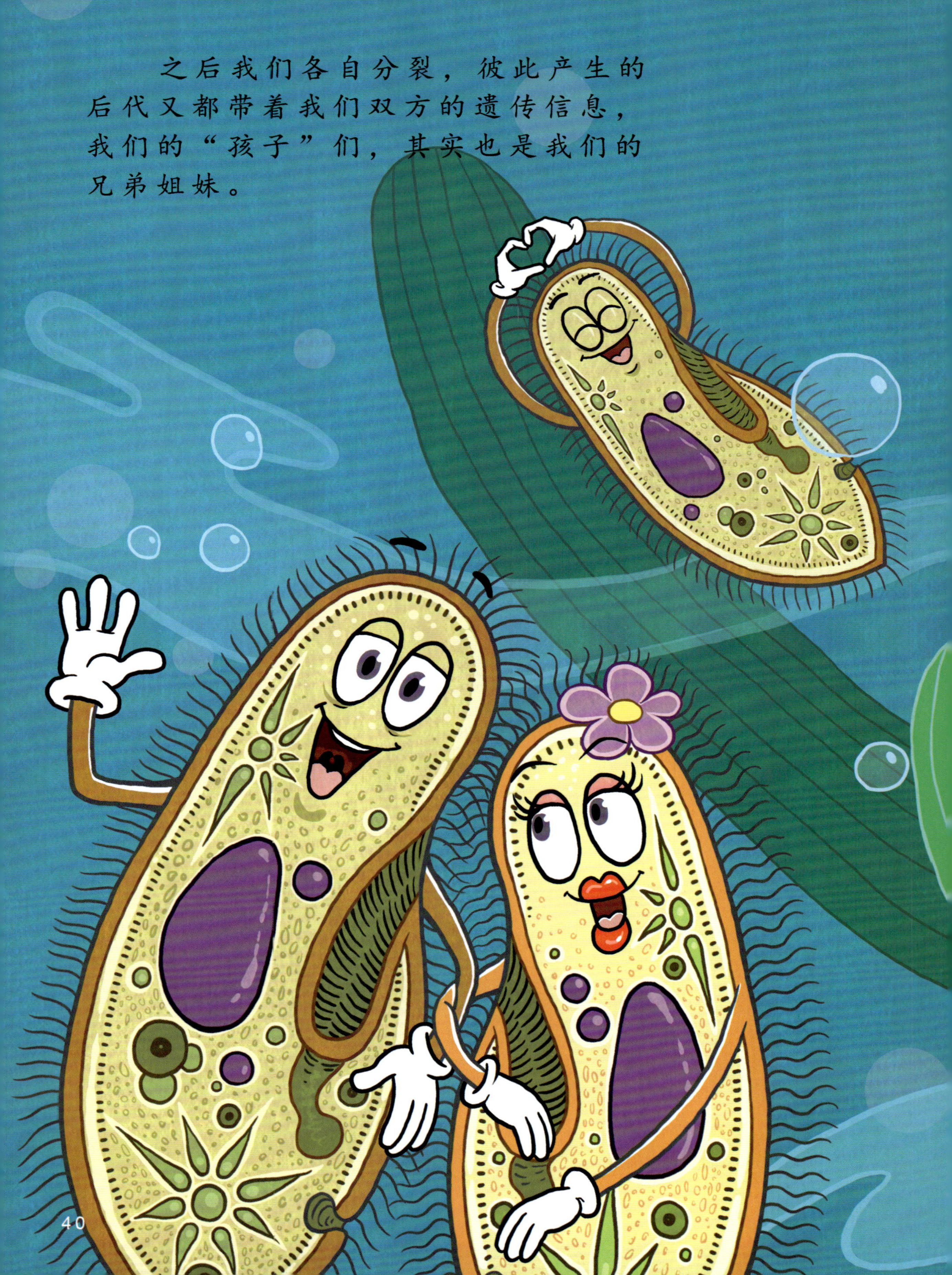

之后我们各自分裂，彼此产生的后代又都带着我们双方的遗传信息，我们的“孩子”们，其实也是我们的兄弟姐妹。

同一个种的纤毛虫组成一个群体，这个种群如何繁衍（yǎn）和生存下去？突变、自然选择、遗传漂变、基因重组等演化机制会给出答案。

美国演化生物学家
迈克尔·林奇
Michael Lynch

好了，池塘里的故事讲完了，下一册我们将把视线转到泥土里，来看看又有什么好玩的故事吧！

结　语

在产学研相结合的科研导向大背景下，基础生物学研究者经常被询问如何将研究结果转化成应用型产品，而大多数人潜意识里的应用，往往局限于吃、穿、住、行、药等。科学工作者们能不能把奇妙的科学现象和规律转化为小朋友可以看懂的科普作品呢？秉承科学素养要从娃娃开始培养的理念，我们把多年来原生生物学家们积累的一些纤毛虫知识和猜想，浓缩到一个个自然环境场景里。希望小朋友们在读完本丛书后，可以了解到微观世界的奥妙、生命的多样、自然的伟大。

感谢国家自然科学基金委国际（地区）合作与交流项目（31961123002）、中国科普研究所“院士专家科普创作工作室”试点项目（210107ECP047）、山东省“泰山学者青年专家”项目（tsqn201812024）和海水养殖教育部重点实验室（中国海洋大学）在本书出版过程中的大力资助。周演根、刘士凯、张可心、龙安娜、龙安迪等提供的理论背景和文字校对，也为本书的知识性和严谨性提供了重要保障。

于中国海洋大学鱼山校区

2022年5月29日

本书作者介绍

所有作者均来自中国海洋大学海洋生物多样性与进化研究所进化基因组学实验室。该实验室以纤毛虫、细菌、酵母等生物为研究对象，主要进行生物多样性的产生、演变与应用研究。

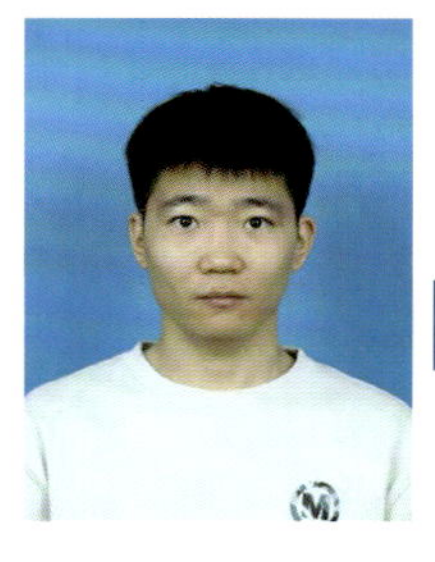

倪家豪

博士研究生，1997年生，专注于草履虫的生物多样性与演化研究。

博士研究生，1996年生，研究方向为土壤原生动物的生活史演化。

潘　娇

博士研究生，1995年生，研究方向为海洋原生动物的生活史演化。

龙红岸

教授，1982年生，研究聚焦生物的突变规律和原生动物的生活史演化。

“院士专家科普创作工作室”试点项目资助

微虫小记丛书

龙红岸 主编

肾形虫侠客记

李海潮 潘 娇 倪家豪 龙红岸／著　周 军／绘

中国海洋大学出版社

· 青岛 ·

图书在版编目（CIP）数据

肾形虫侠客记 / 李海潮等著. —青岛 : 中国海洋大学出版社，2022.11

（微虫小记丛书/龙红岸主编）

ISBN 978-7-5670-3308-5

Ⅰ. ①肾… Ⅱ. ①李… Ⅲ. ①土壤微生物－原生动物－少儿读物Ⅳ. ①S154.38-49

中国版本图书馆CIP数据核字(2022)第201529号

书　　名　肾形虫侠客记
　　　　　SHENXINGCHONG XIAKE JI

出版发行　中国海洋大学出版社

社　　址　青岛市香港东路23号　　邮政编码　266071

网　　址　http://pub.ouc.edu.cn

出 版 人　刘文菁

责任编辑　董　超

电　　话　0532-85902342

电子信箱　465407097@qq.com

印　　制　青岛澳舟印务有限公司

版　　次　2022年11月第1版

印　　次　2022年11月第1次印刷

成品尺寸　190 mm × 255 mm

印　　张　10.75

字　　数　17千

印　　数　1—2000

定　　价　148.00元（全三册）

订购电话　0532-82032573(传真)

宋微波院士寄语

三个世纪之前，随着高分辨率显微镜的应用，肉眼看不到的单细胞微型生物——原生生物，开始进入人们的视野。这些充满智慧的小生命，捕食、避害、社交、生长、繁育、生生不息，构成了一个种类浩繁、形态多样的微观世界。而作为这个微观社会的重要一员，纤毛虫也逐渐为人所知：这些浑身长满纤毛的微小生物，尽管其自身仅仅是单个细胞，但顽强地适应和充满生机地遍布在地球上的每个角落，分布在从极地到深渊、从江河到土壤等环境中。在我们所赖以生存的地球上，它们默默地奉献，辛勤地承担着各种各样的生物学角色：帮助清洁水体，标记和指示环境的健康状况，协助微食物网中物质的流动与能量的循环，等等。当然也有一些种类会给人类生活制造麻烦，比如感染水产动物，造成大量的经济损失。

纤毛虫同时也是生物学研究中的重要模式材料，在它们的体内具有两种独特的细胞核：大核和小核，二者担负着不同的生理功能并因此而演绎出众多神奇的生物

学现象。人们在对这些现象和功能的深入探究中，解答了很多前所未知的生命秘密。

“微虫小记”通过一线科学工作者和专业插画师的共同努力，将纤毛虫从显微镜下展现到可视、可读的信息窗口中，向读者介绍这一大类微型生物的迷人与绚烂。这些丛书主角们既有明星级的草履虫，也有鲜为人知的肾形虫和迈阿密虫。

我深切理解和赞同作者的愿望：见微知著、寓教于乐，让读者在阅读的过程中了解这个存在于我们身边、不易被察觉的微观世界。希望读完这套丛书，小朋友们能认识、关注并喜欢上这些奇妙的小生命们：在未来的探索路途中，不再错过这些别样的风景。

宋微波

2022年8月10日

在池塘附近的土地上，又发生了一个有趣的故事……

故事的主角是一种非常小的原生生物，它在全世界的泥土里都存在，它的名字叫斯氏肾形虫。

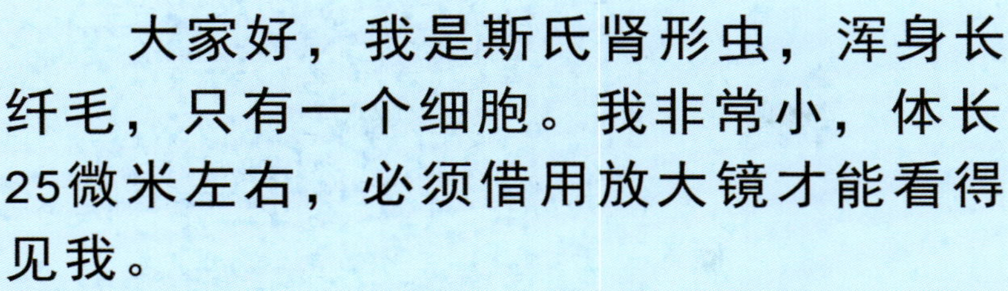

大家好，我是斯氏肾形虫，浑身长纤毛，只有一个细胞。我非常小，体长25微米左右，必须借用放大镜才能看得见我。

同样是原生生物，草履虫体长大概100微米，是斯氏肾形虫的四倍。

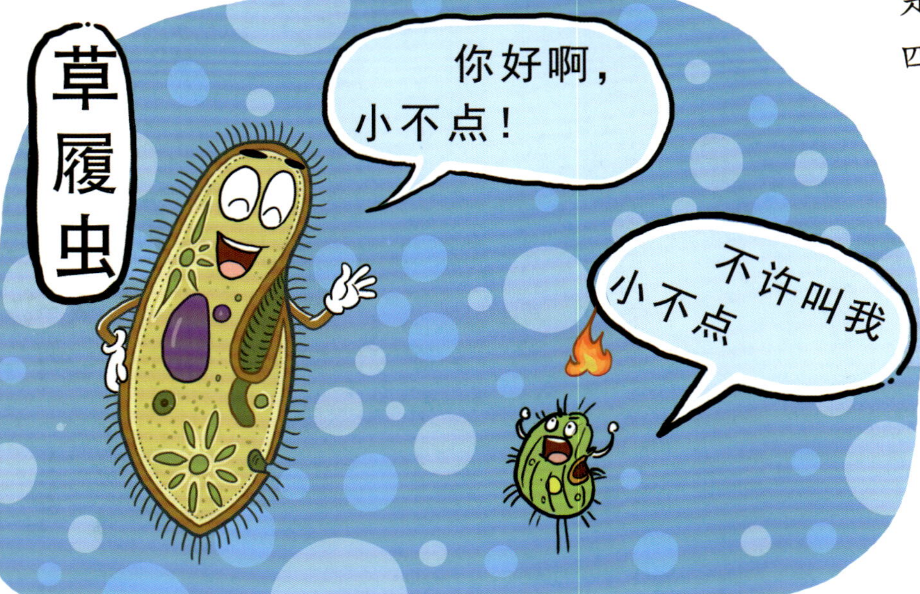

草履虫
你好啊，小不点！
不许叫我小不点

分类阶元

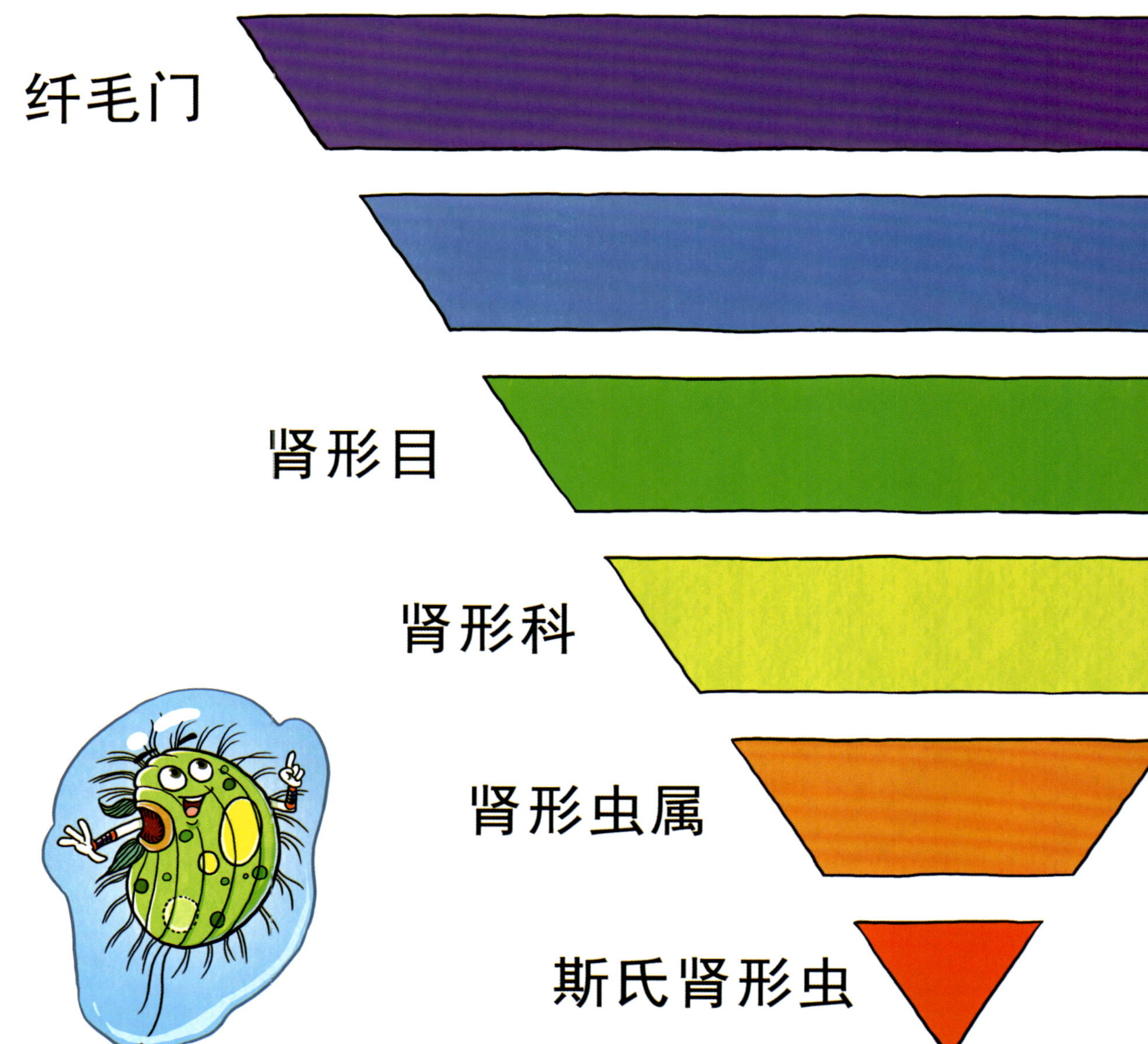

分类阶元是由各分类单元按等级排列的分类体系，属于同一个分类阶元的种类具有共性特征，经典生物分类采用界、门、纲、目、科、属、种七个分类阶元。纤毛虫的命名沿用了瑞典生物学家卡尔·林奈创立的双名法，也就是拉丁语的属名加种名，用斜体表示。属名在前，首字母大写；种名在后，首字母小写。

例如，斯氏肾形虫的学名是*Colpoda steinii*。*Colpoda*（肾形虫属）为属名，*steinii*（斯氏）为种名。

肾形虫绝大多数都生活在土壤中，现在发现的有30多种。它们生物量巨大，是土壤生态系统中不可或缺的类群。纤毛虫的分类系统也使用了传统的分类阶元方法，左图就是它们的分类阶元。

奥地利纤毛虫生物学家
维尔汉姆·福斯纳
Wilhelm Foissner

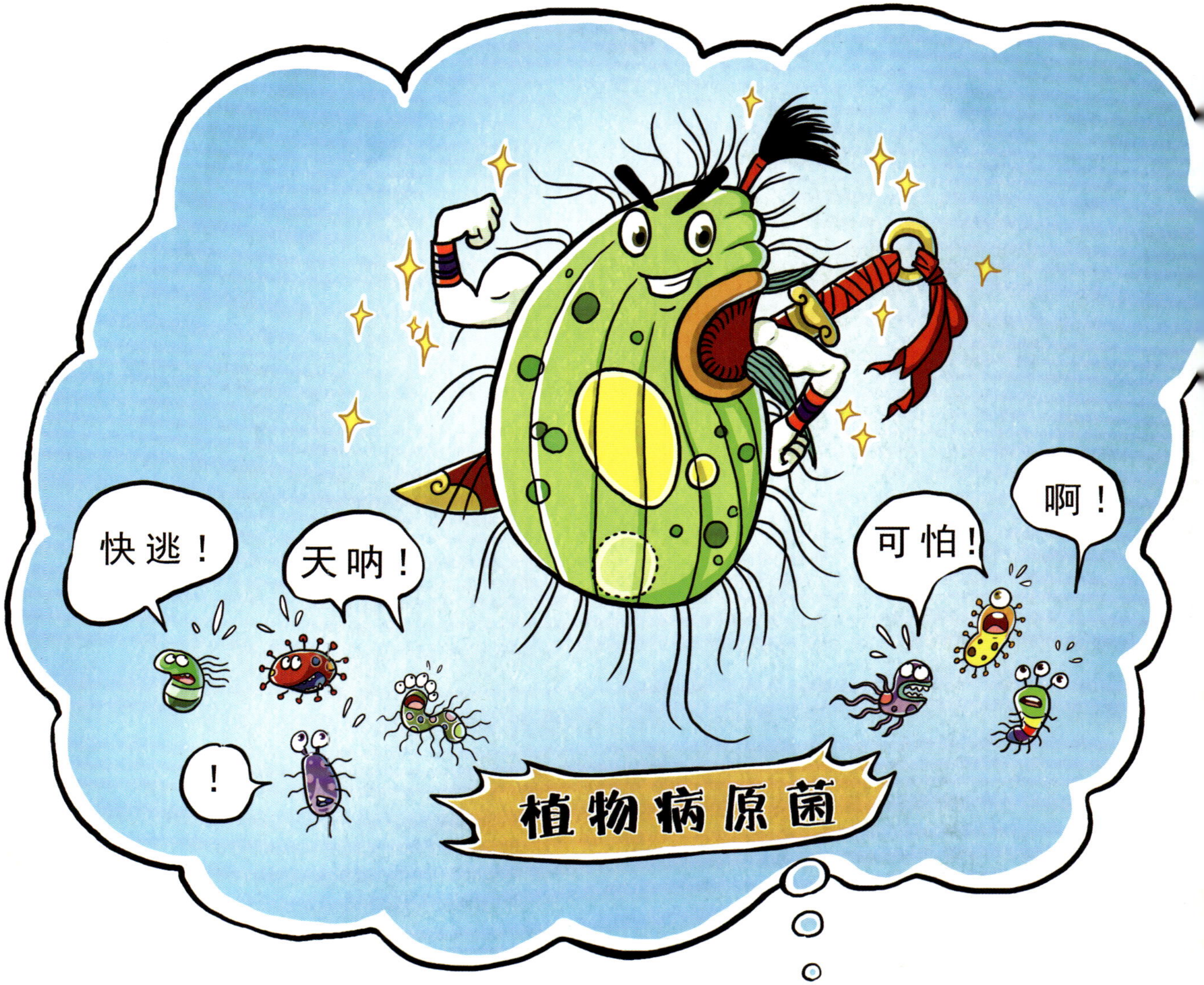

快逃！
天呐！
！
可怕！
啊！
植物病原菌

我最大的梦想就是成为一名行侠仗义、除暴安良的侠客！虽然我体内蕴藏着很多侠客潜能，但我不知道如何充分发挥出来。

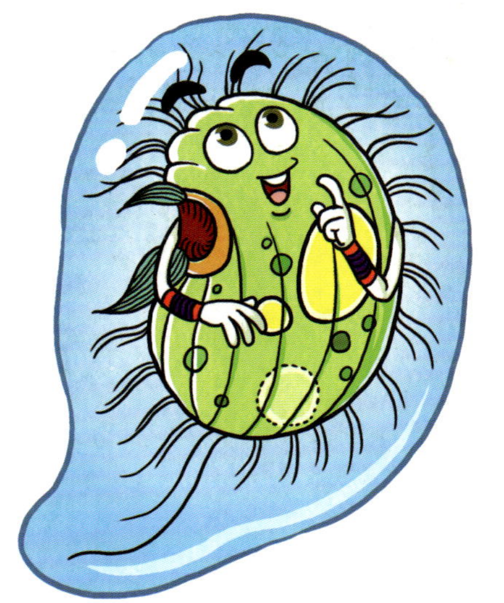

为了实现我的侠客梦，我来到了侠客培训班拜师学艺。

在培训班里，师父传授我们激发潜能的窍门。

想要变得更强，就要付出超常的努力，我勤奋读书，刻苦锻炼，每天都过得非常充实。

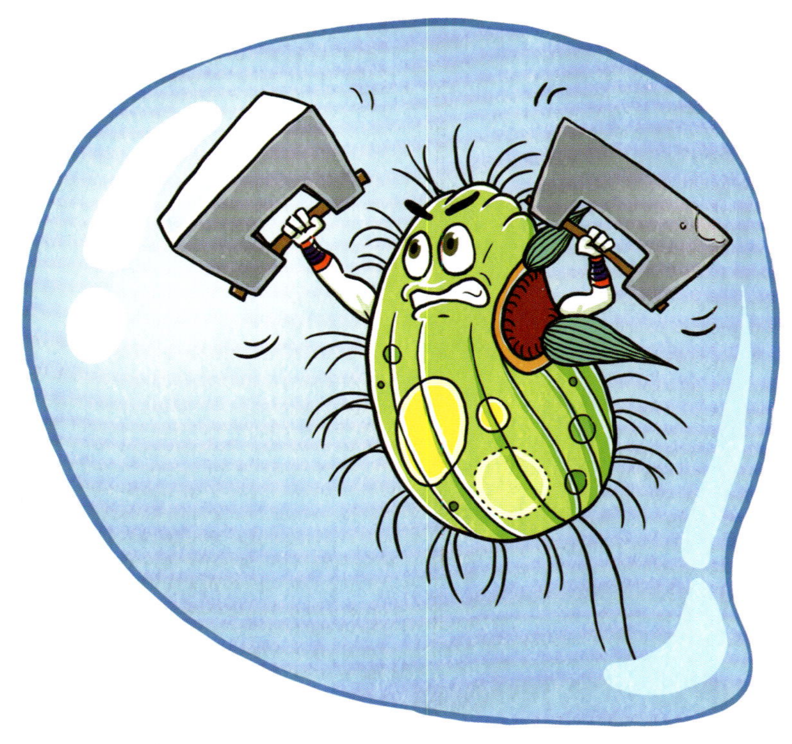

壳中分身术
植物营养术
变身术

师父给我们讲了壳中分身术、植物营养术、变身术，并告诉我们只要学会这些技能就可以从侠客培训班毕业了。

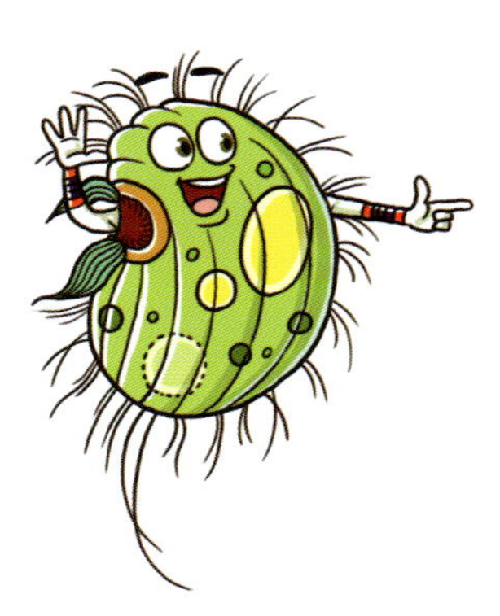

变身术

在干旱或者寒冷的时候，我们可以使用变身术变化出厚实的坚硬球形盔甲保护自己，顺利度过旱季或者冬天。

啊！
又热又旱！
我快
不行了……

好冷！
我快成冰块了！

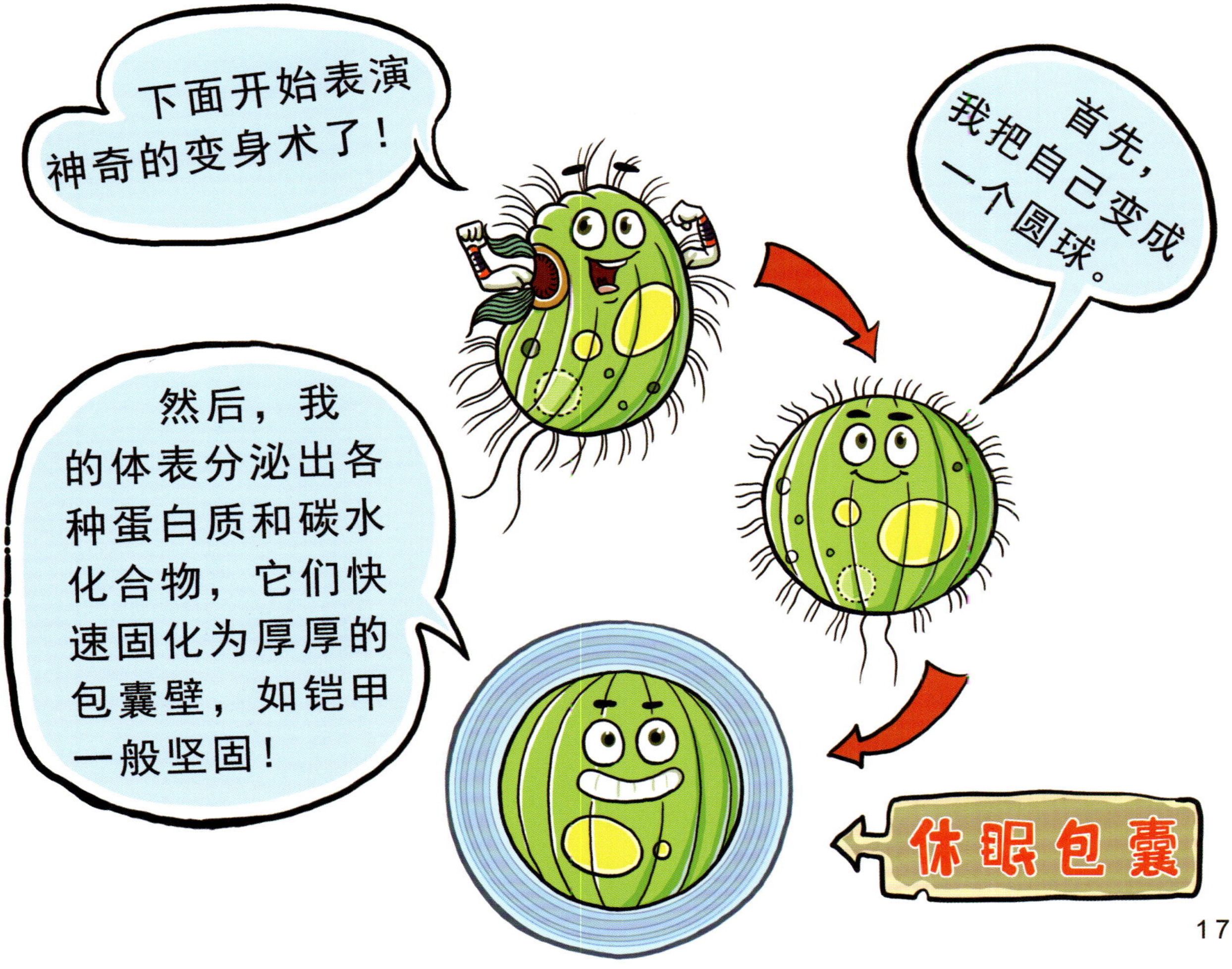

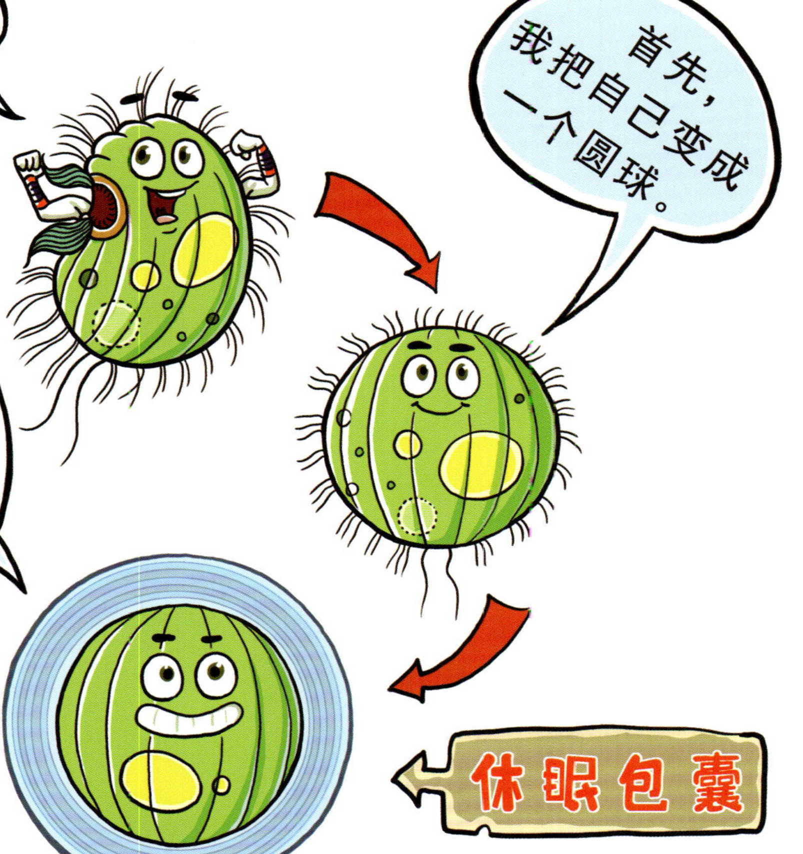

下面开始表演神奇的变身术了！
首先，我把自己变成一个圆球。
然后，我的体表分泌出各种蛋白质和碳水化合物，它们快速固化为厚厚的包囊壁，如铠甲一般坚固！
休眠包囊

壳中分身术

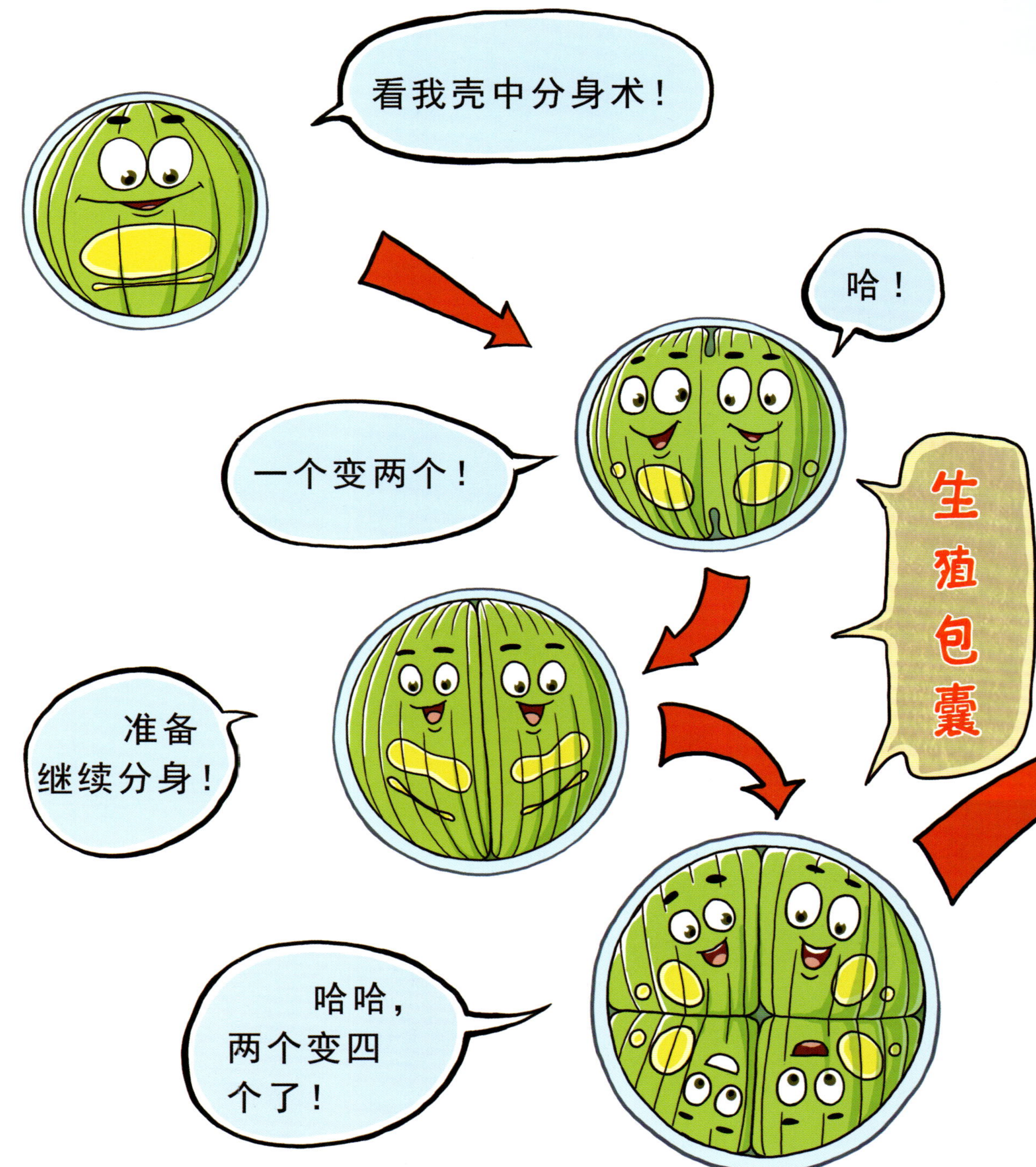

看我壳中分身术！
哈！
一个变两个！
生殖包囊
准备继续分身！
哈哈，两个变四个了！

嘿，没想到这些小虫的分身术比俺老孙还厉害！
壳中分身术完成！
壳中分身术可以让我们在壳中分裂出多个自己，然后破壳而出，我和分身们还可以继续分裂，这样我就可以分裂出无数个分身。

植物营养术

　　植物营养不均衡就会体弱多病，不过，我学会了植物营养术，可以为植物补充营养，让它们的身体变得强壮！

营养跟不上，身体太弱了……
别担心，我来帮你！

哈！完成了！

我用心研制出了为植物补充营养的特效丸，植物服用了之后就再也不用担心营养不良了！

斯氏肾形虫的植物营养术，让我变强壮了！

师父还告诉我们，以后闯荡江湖的时候一定要小心某些寄生鞭毛虫，它们能够像吸血鬼一样把我们吸干，一定要远离它们！

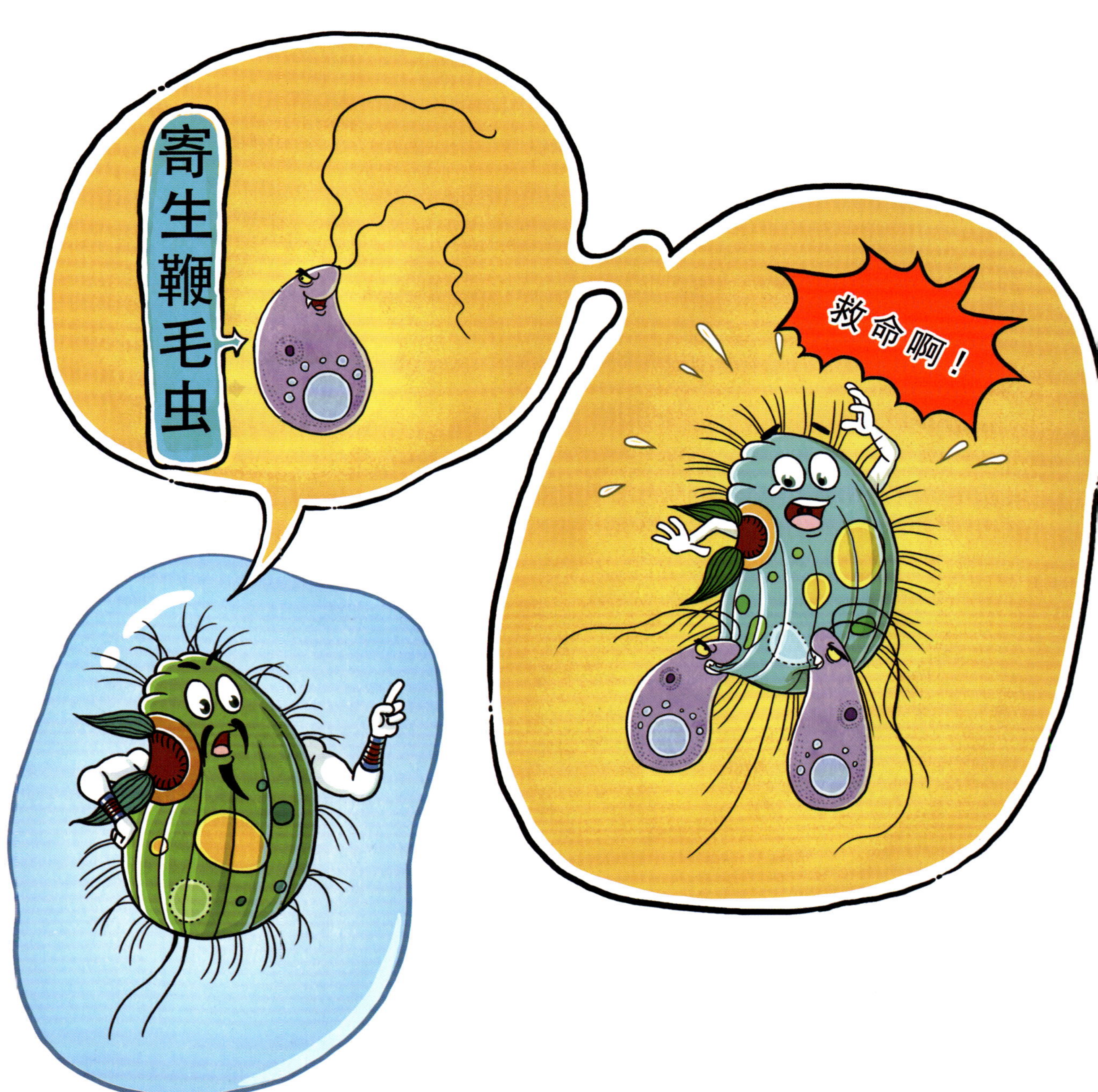

孩子，你可以毕业了，
去实现你的侠客梦吧！

谢谢师父！

今天我终于顺利毕业了。当师父把毕业证书发到我手上的时候，我激动极了！非常感谢师父传授我这么多的本领！

告别了师父和同学们，我踏上了征程，为了更像侠客一些，我换了一个崭新的形象！

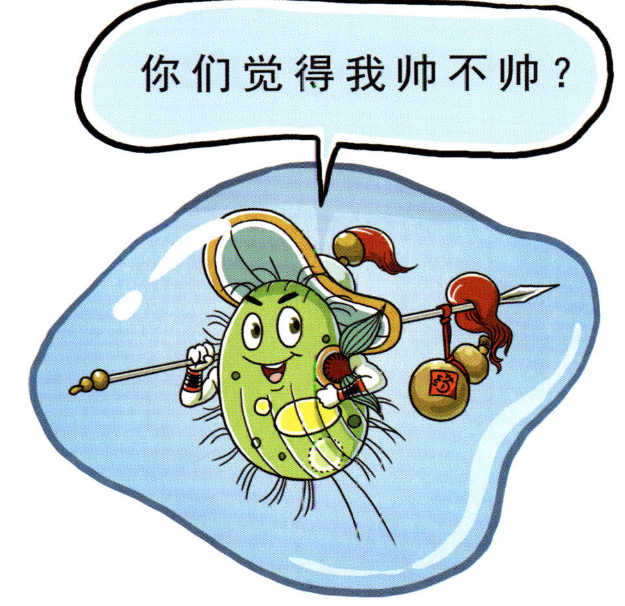

前面
发生了什
么事？

救命！
我无法呼吸了！
别急，我已经尽力帮你松土了！

我在土壤里一路向北，遇到了蚯蚓医生，它正在竭尽全力帮助一棵缺氧的向日葵小苗松土。土壤都已经板结了，向日葵小苗危在旦夕！

别着急！
蚯蚓医生，我
来帮你一起松土！

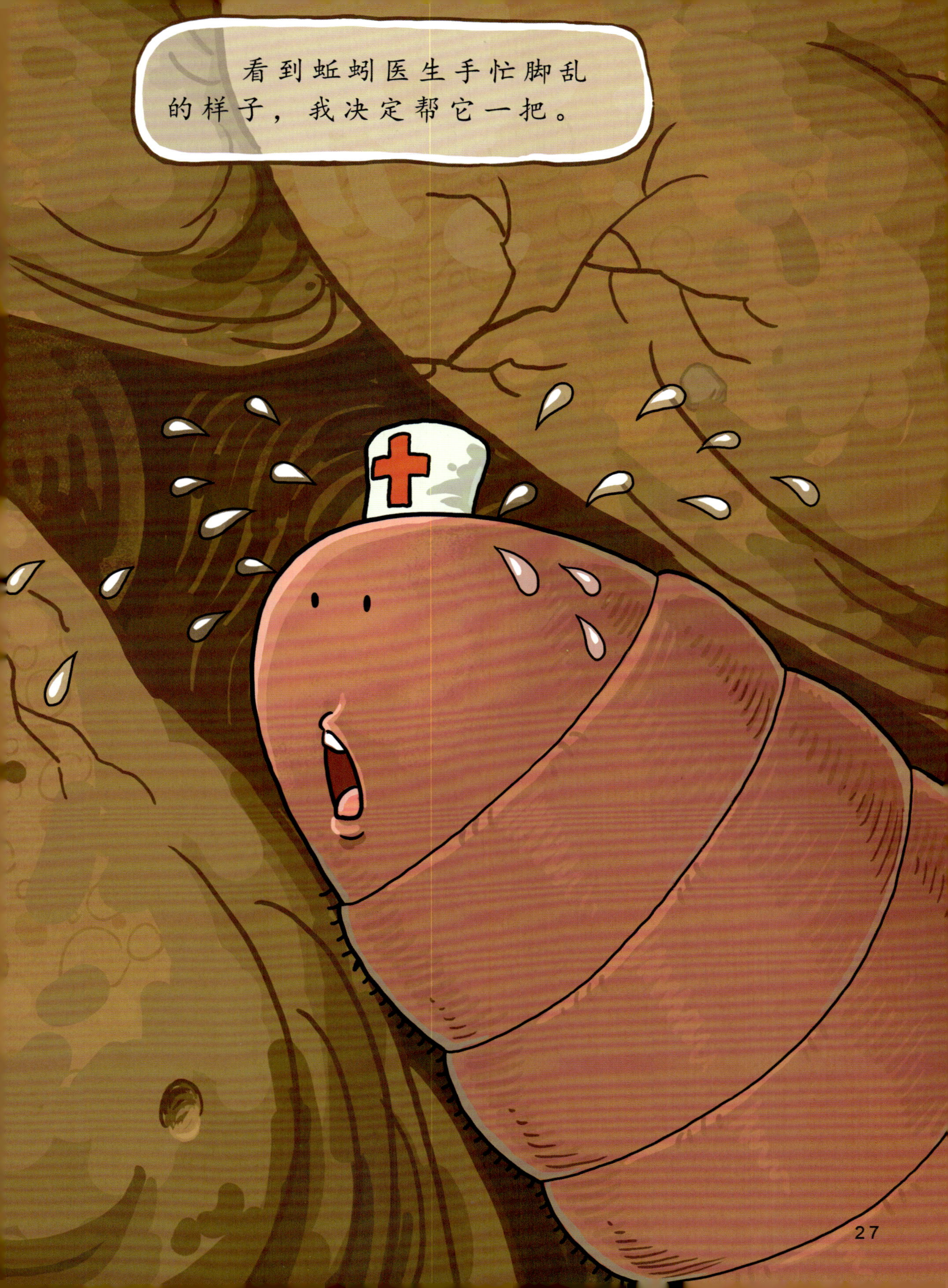
看到蚯蚓医生手忙脚乱的样子，我决定帮它一把。

我们虫多力量大！大家加油干啊！

我使用了壳中分身术，摇身一变，利用生殖包囊分裂出了无数个分身，我们一起参与到抢救中。
哇！好厉害！

我终于可以
呼吸了，谢谢你们！
小家伙，
你真能干！

向日葵小苗慢慢恢复了意识，开始到处扎根，我和蚯蚓医生都松了一口气。我把分身留下来，然后继续赶路了。
不用客气，告辞了！

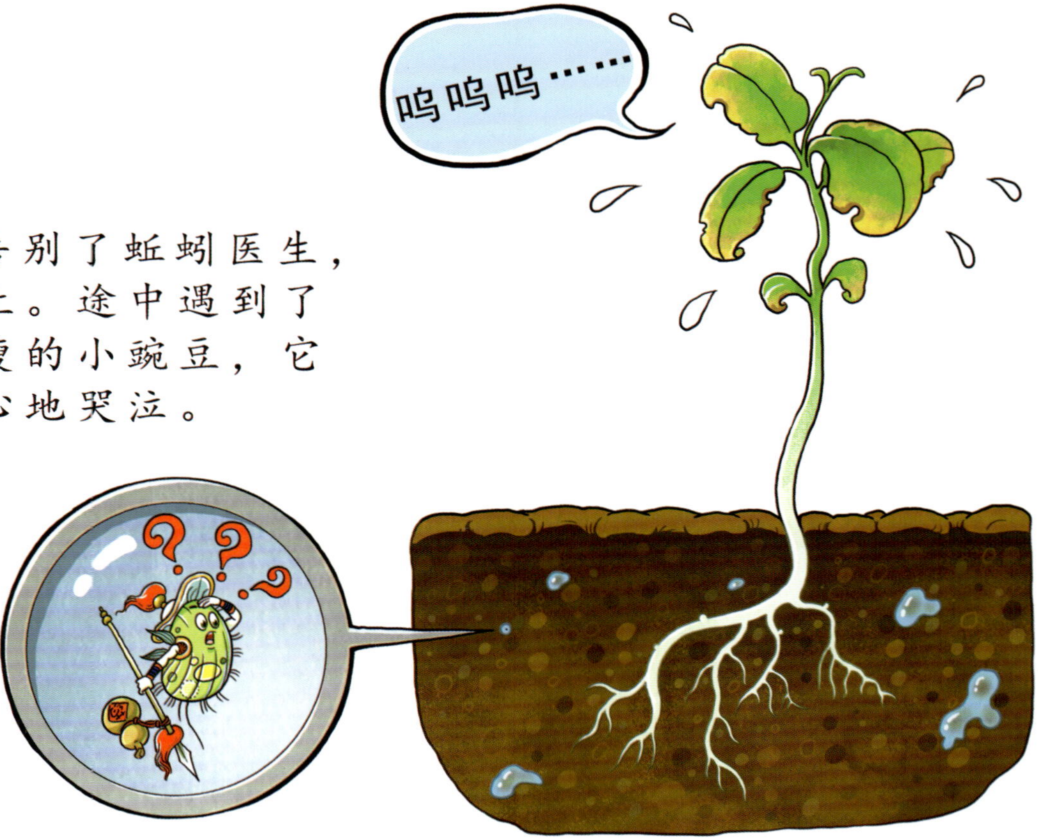

我告别了蚯蚓医生，继续北上。途中遇到了面黄肌瘦的小豌豆，它正在伤心地哭泣。

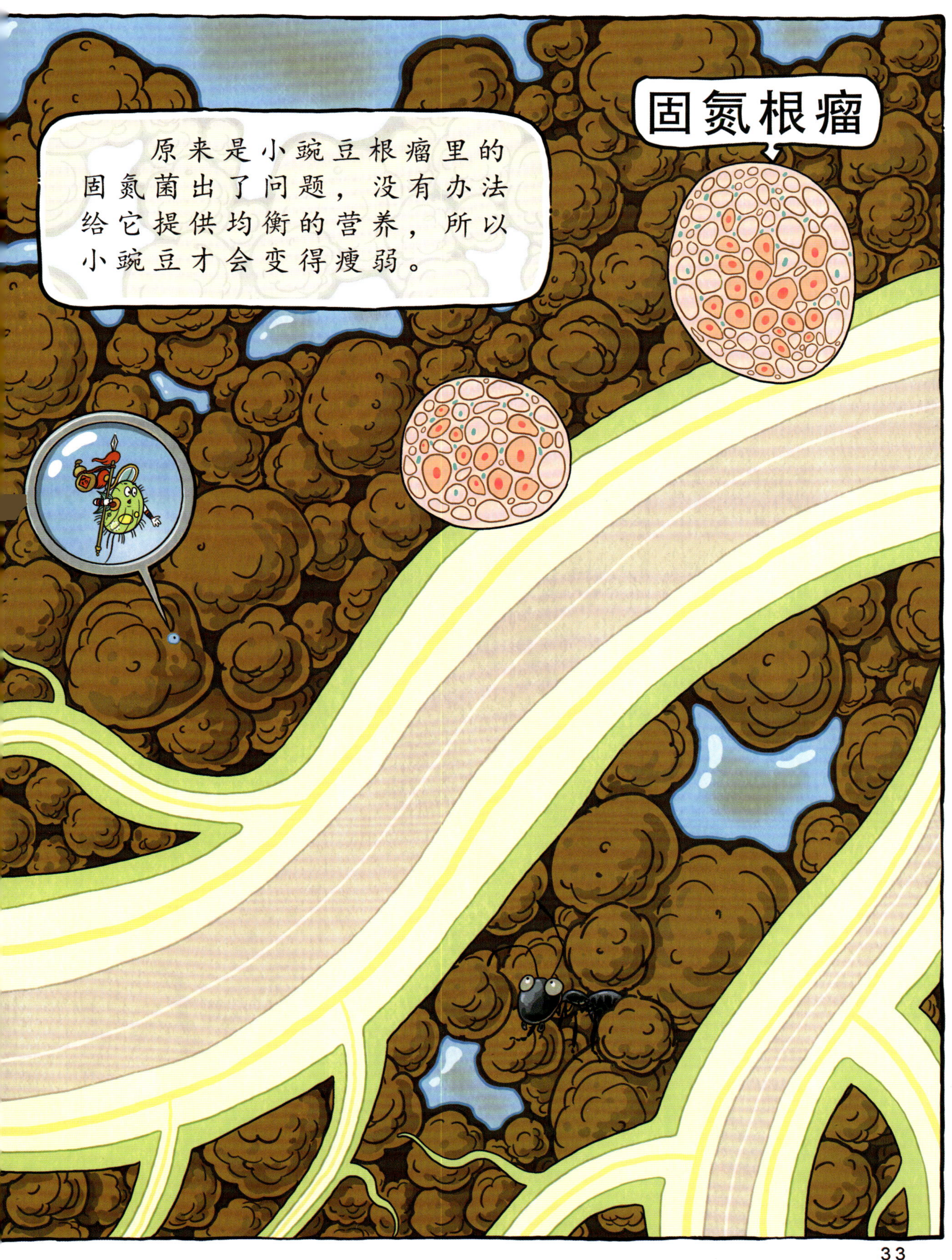
原来是小豌豆根瘤里的固氮菌出了问题，没有办法给它提供均衡的营养，所以小豌豆才会变得瘦弱。
固氮根瘤

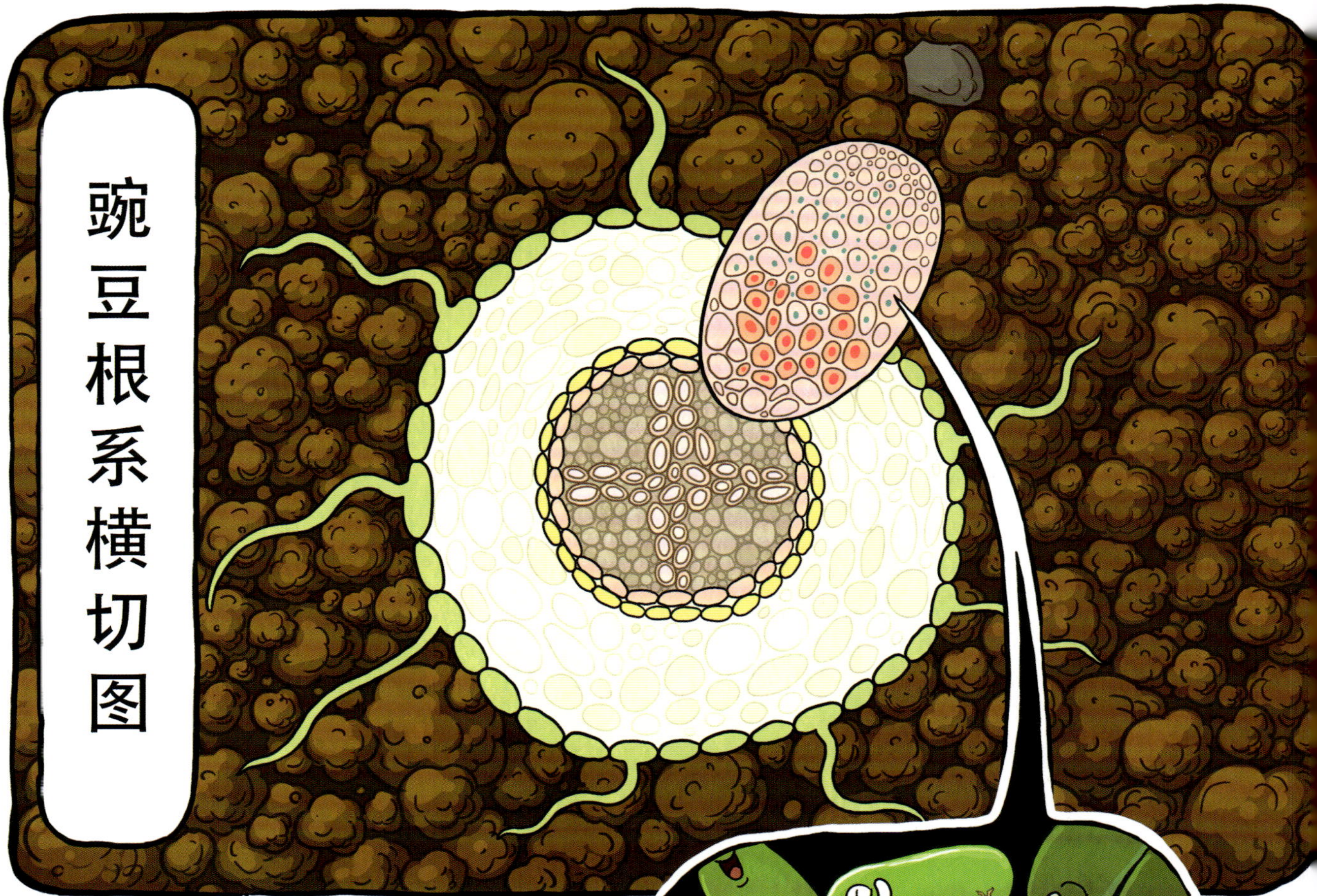

豌豆根系横切图

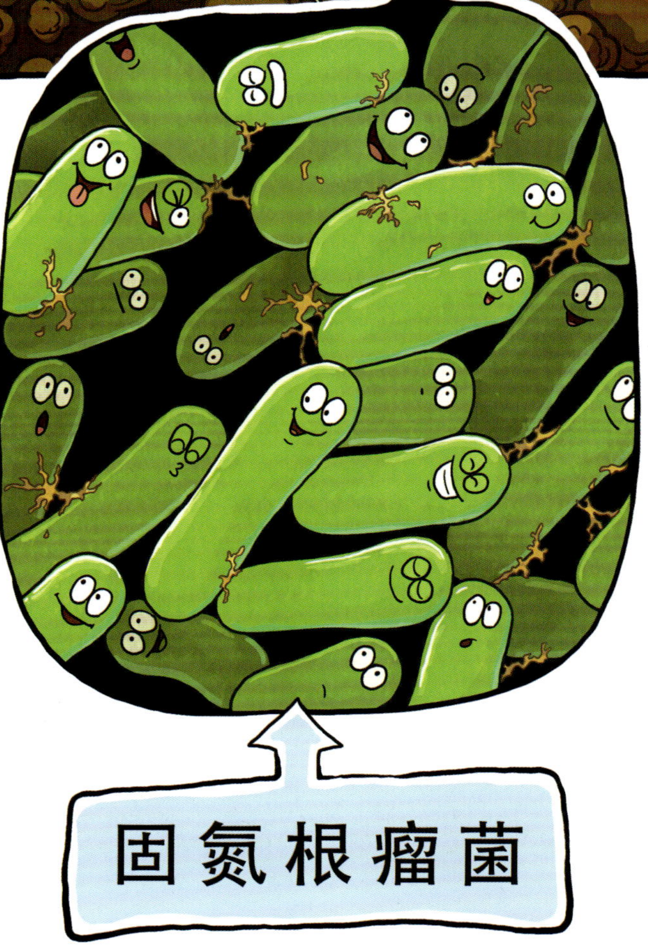

豌豆等农作物根上的瘤状凸起含有大量的共生根瘤菌，这些细菌可以将空气中的氮气转化为农作物生长用的含氮营养物质，这个过程称为固氮作用。这些固氮根瘤菌如果活性不高，就会造成植物营养不良，体弱多病。

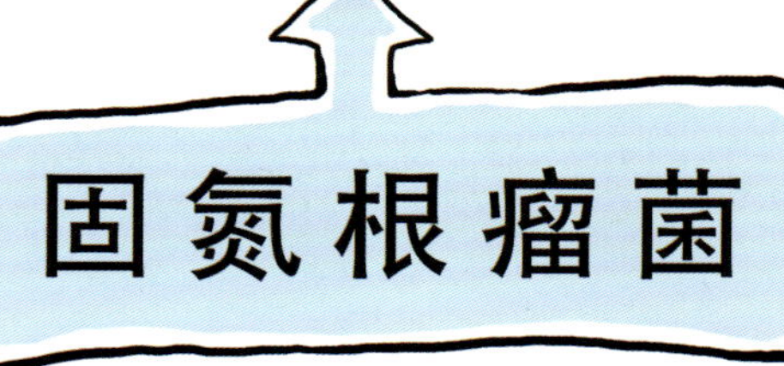

我掏出了随身带着的药葫芦，倒出来我用心制作的植物营养特效丸，喂给了小豌豆，它的营养很快就得到了补充。

然后我又精心照料了小豌豆一些天，它开始变得强壮起来，个头儿也长高了很多。

离开了小豌豆之后，我继续往前走，天气也慢慢变凉了。这天，我来到了一片麦田里，发现有些麦苗不对劲。

我靠近一株有问题的麦苗一看，原来是密密麻麻的植物病原菌正在攻击麦苗的根系。
原来是它们在捣鬼！

植物病原菌

师父告诉过我，我们是植物病原菌的天敌，不能让它们这么猖狂。所以我勇敢地站了出来，三下五除二地将它们吞进肚子里！

植物病原菌太多了，靠我自己根本消灭不完，看来要用绝招了！

我再次使用了壳中分身术，分裂出来许多的分身，跟我一起投入了植物病原菌消灭战中。

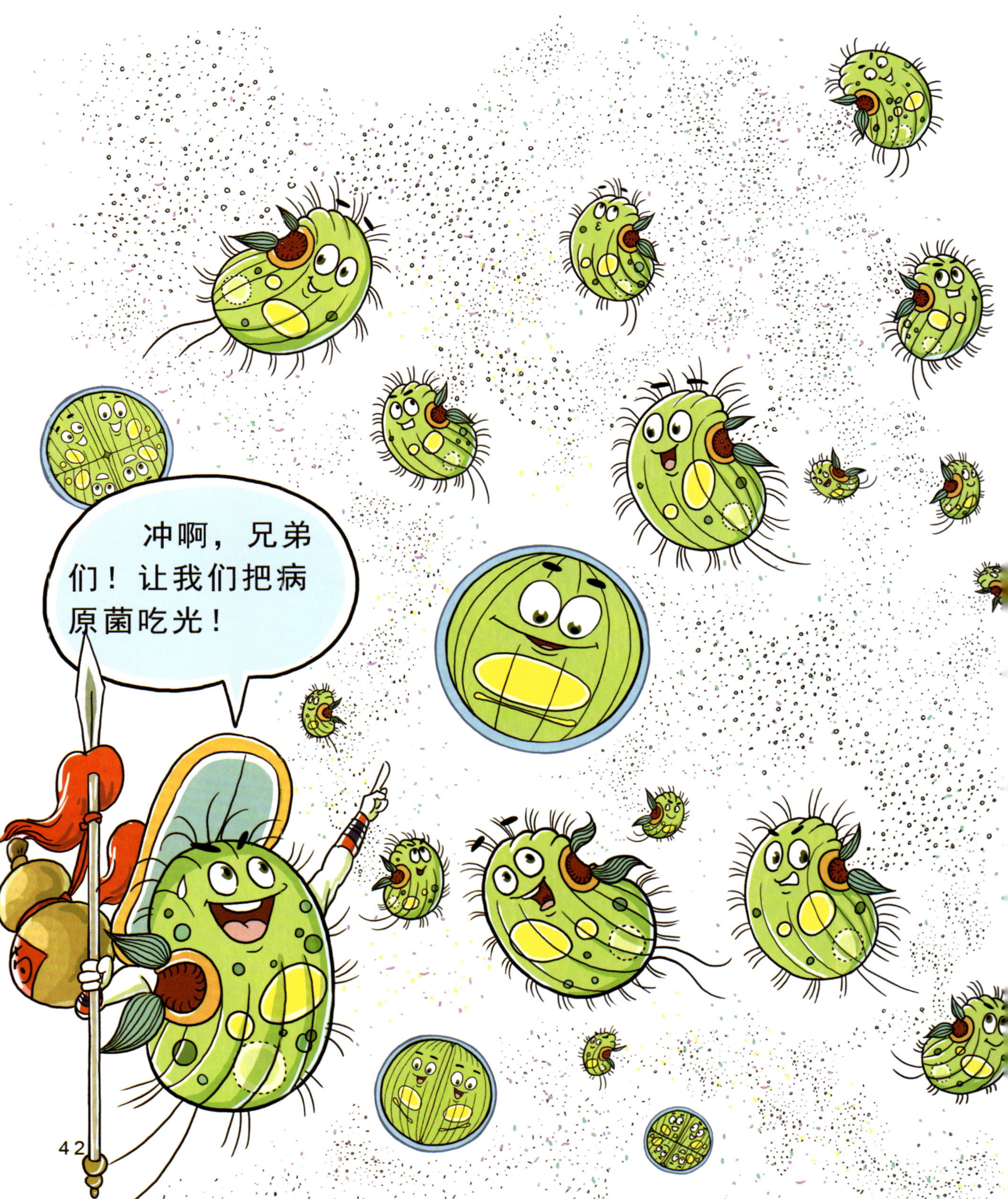

哇！植物病原菌都被消灭干净了！有了你们的守护，我们再也不怕它们了。谢谢你，肾形虫！

植物病原菌被消灭后，麦苗们安全了。我把分身们留下来保护麦苗，然后继续赶路了。

不知走了多久，天开始变冷，许多动物开始冬眠了……

ZZZZ
药
师傅说在寒冷的时候，我们可以使用变身术变化出坚硬的盔甲来保护自己，顺利地度过冬天。于是在寒风中我使出了变身术，球形的外壳慢慢包裹住我的身体，确实暖和多了，然后我就美美地睡着了……

我在盔甲中待了好长一段时间后，周围慢慢变得湿湿暖暖的。于是我从盔甲里钻了出来，从土中探出头，刚下完一场小雨，外面已经是绿油油的一片了，原来是春天到了！我最喜欢的季节就是春天了，可把我高兴坏了。新的一年开始了，我也要踏上新的征途了！

我的故事讲完了，
大家后会有期吧！
哈！

结　语

在产学研相结合的科研导向大背景下，基础生物学研究者经常被询问如何将研究结果转化成应用型产品，而大多数人潜意识里的应用，往往局限于吃、穿、住、行、药等。科学工作者们能不能把奇妙的科学现象和规律转化为小朋友可以看懂的科普作品呢？秉承科学素养要从娃娃开始培养的理念，我们把多年来原生生物学家们积累的一些纤毛虫知识和猜想，浓缩到一个个自然环境场景里。希望小朋友们在读完本丛书后，可以了解到微观世界的奥妙、生命的多样、自然的伟大。

感谢国家自然科学基金委国际（地区）合作与交流项目（31961123002）、中国科普研究所“院士专家科普创作工作室”试点项目（210107ECP047）、山东省“泰山学者青年专家”项目（tsqn201812024）和海水养殖教育部重点实验室（中国海洋大学）在本书出版过程中的大力资助。周演根、刘士凯、张可心、龙安娜、龙安迪等提供的理论背景和文字校对，也为本书的知识性和严谨性提供了重要保障。

龙江平

于中国海洋大学鱼山校区

2022年5月29日

本书作者介绍

所有作者均来自中国海洋大学海洋生物多样性与进化研究所进化基因组学实验室。该实验室以纤毛虫、细菌、酵母等生物为研究对象，主要进行生物多样性的产生、演变与应用研究。

李海潮

博士研究生，1996年生，研究方向为土壤原生动物的生活史演化。

潘　娇

博士研究生，1995年生，研究方向为海洋原生动物的生活史演化。

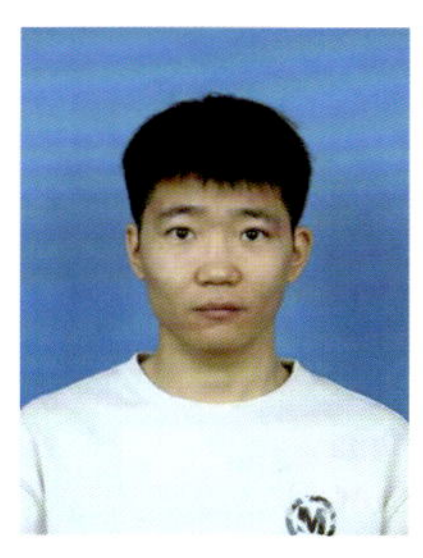

倪家豪

博士研究生，1997年生，专注于草履虫的生物多样性与演化研究。

龙红岸

教授，1982年生，研究聚焦生物的突变规律和原生动物的生活史演化。

“院士专家科普创作工作室”试点项目资助

微虫小记丛书

龙红岸 主编

迈阿密虫历险记

潘 娇 李海潮 倪家豪 龙红岸／著 周 军／绘

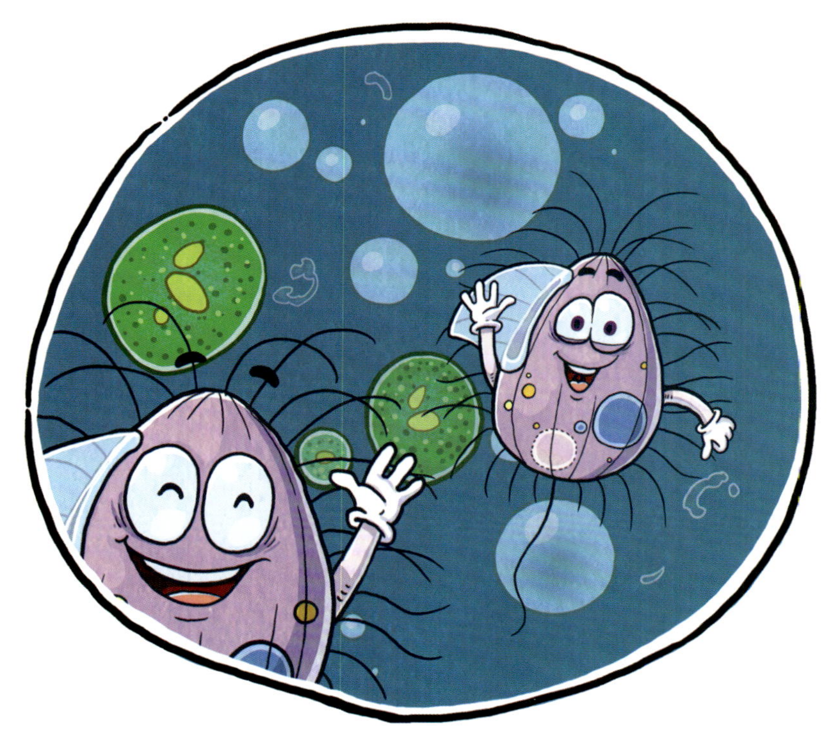

中国海洋大学出版社

· 青岛 ·

图书在版编目（CIP）数据

迈阿密虫历险记 / 潘娇等著. —青岛 ：中国海洋大学出版社，2022.11

（微虫小记丛书/龙红岸主编）

ISBN 978-7-5670-3308-5

Ⅰ. ①迈… Ⅱ. ①潘… Ⅲ. ①纤毛虫—少儿读物Ⅳ. ①S852.72-49

中国版本图书馆CIP数据核字(2022)第201537号

书　　名　迈阿密虫历险记
　　　　　MAIAMICHONG LIXIAN JI
出版发行　中国海洋大学出版社
社　　址　青岛市香港东路23号　　邮政编码　266071
网　　址　http://pub.ouc.edu.cn
出 版 人　刘文菁
责任编辑　董　超
电　　话　0532-85902342
电子信箱　465407097@qq.com
印　　制　青岛澳舟印务有限公司
版　　次　2022年11月第1版
印　　次　2022年11月第1次印刷
成品尺寸　190 mm × 255 mm
印　　张　10.75
字　　数　17千
印　　数　1—2000
定　　价　148.00元（全三册）
订购电话　0532-82032573(传真)

发现印装质量问题，请致电0532-82771560，由印刷厂负责调换。

宋微波院士寄语

三个世纪之前，随着高分辨率显微镜的应用，肉眼看不到的单细胞微型生物——原生生物，开始进入人们的视野。这些充满智慧的小生命，捕食、避害、社交、生长、繁育、生生不息，构成了一个种类浩繁、形态多样的微观世界。而作为这个微观社会的重要一员，纤毛虫也逐渐为人所知：这些浑身长满纤毛的微小生物，尽管其自身仅仅是单个细胞，但顽强地适应和充满生机地遍布在地球上的每个角落，分布在从极地到深渊、从江河到土壤等环境中。在我们所赖以生存的地球上，它们默默地奉献，辛勤地承担着各种各样的生物学角色：帮助清洁水体，标记和指示环境的健康状况，协助微食物网中物质的流动与能量的循环，等等。当然也有一些种类会给人类生活制造麻烦，比如感染水产动物，造成大量的经济损失。

纤毛虫同时也是生物学研究中的重要模式材料，在它们的体内具有两种独特的细胞核：大核和小核，二者担负着不同的生理功能并因此而演绎出众多神奇的生物

学现象。人们在对这些现象和功能的深入探究中，解答了很多前所未知的生命秘密。

“微虫小记”通过一线科学工作者和专业插画师的共同努力，将纤毛虫从显微镜下展现到可视、可读的信息窗口中，向读者介绍这一大类微型生物的迷人与绚烂。这些丛书主角们既有明星级的草履虫，也有鲜为人知的肾形虫和迈阿密虫。

我深切理解和赞同作者的愿望：见微知著、寓教于乐，让读者在阅读的过程中了解这个存在于我们身边、不易被察觉的微观世界。希望读完这套丛书，小朋友们能认识、关注并喜欢上这些奇妙的小生命们：在未来的探索路途中，不再错过这些别样的风景。

宋微波

2022年8月10日

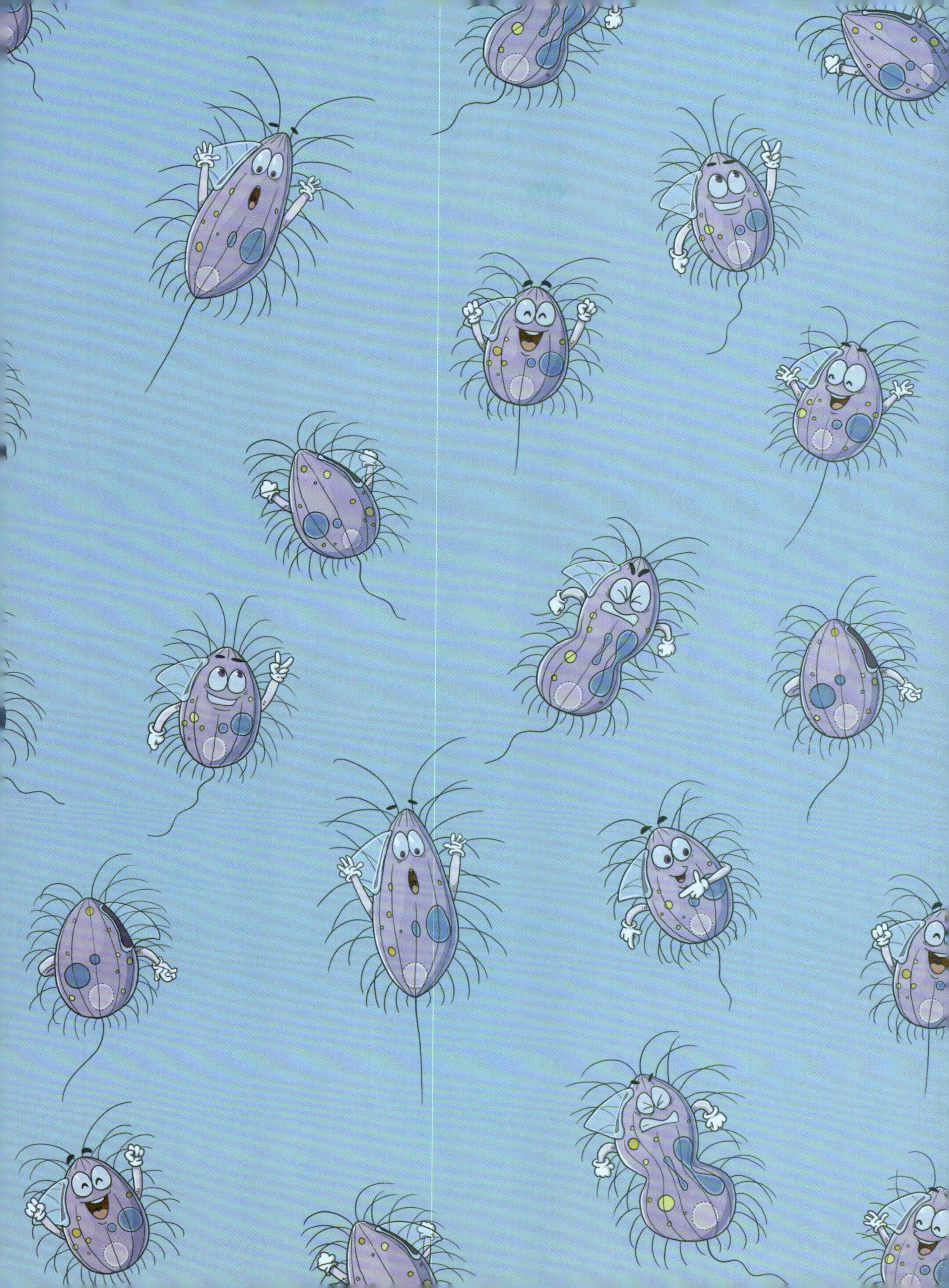

淡水中草履虫和土壤中肾形虫的故事都讲过了，这次我们去山东青岛的大海里看一看。

海洋里有各种各样的生物，
这次我们的主角个头仍然很小。

主角在这里

看不到？没关系，让我们放大一些！
嗨！我们在这里！

贪食迈阿密虫是广泛分布在全球潮间带的纤毛虫，它们以细菌或者有机碎屑为食，自由自在地生活在各种海藻或其他可附着的表面上，一会儿游动，一会儿趴下休息。它们的体长一般在25微米左右。
纤毛
口侧膜
食物泡
大核
小核
伸缩泡
尾纤毛

迈阿密虫跟其他原生生物一样，虽然只有一个细胞，但麻雀虽小，五脏俱全，它的身体布满很多“小器官”，叫做细胞器，如图中的大核、小核、伸缩泡等。

我无忧无虑地生活在海水里，但是有一天，海里突然出现了一根大管子，管子巨大的吸力像龙卷风一样把我吸到了一个陌生的地方。
救命！

咕噜咕噜

这是砂滤池，用来沉淀和过滤掉水中的脏东西。通过砂子过滤出来的洁净海水，会被抽进右边的养殖池。

不知过了多久，我被轰隆隆的声音吵醒。巨大的吸力裹挟着我，眼见我就要撞上巨石，好在我身体够柔软，我努力将自己的身体变得更细，然后从缝隙里艰难地钻了出去。

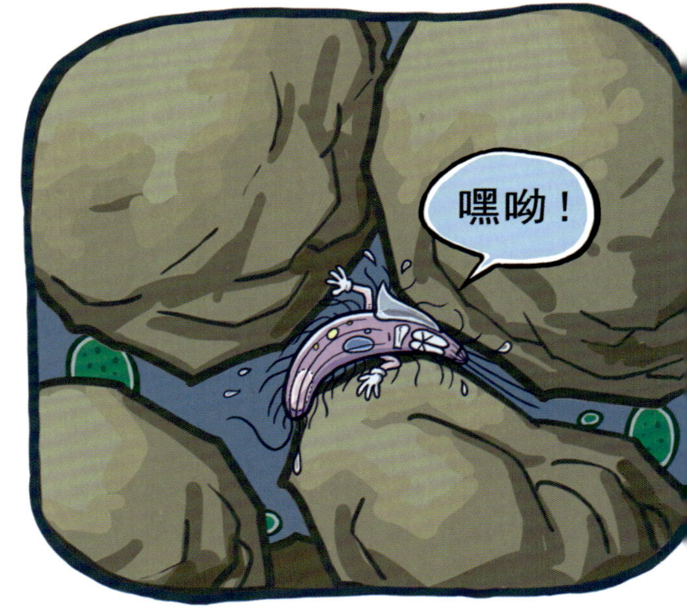

顺着水流，我到了一个四四方方周围都是坚硬水泥的水池里。这里空荡荡的，我好寂寞啊！

不久，人类往水池里放入一条条小鱼，水池一下变得热闹起来。

你好，我是迈阿密虫。你们可以跟我玩吗？这是哪里啊？

我看到这么多小鱼游来游去，很是羡慕，于是我想和它们交朋友，但是我太小了，它们都听不到我的声音，也看不见我。

我们的主角其实是来到了工厂化养殖池。刚刚工人往养殖池中加的鱼苗是大菱鲆（píng）。鲆鲽（dié）鱼类除了工厂化养殖，还有网箱养殖、池塘养殖等方式。鲆鲽鱼类常被统称为比目鱼，那么它们有什么差别呢？
网箱养殖
池塘养殖

背鳍和腹鳍连接面的左侧是鱼的左面，右侧则是右面。两只眼睛在左侧的是鲆，两只眼睛在右侧的是鲽，这就是海水养殖中常说的“左鲆右鲽”。

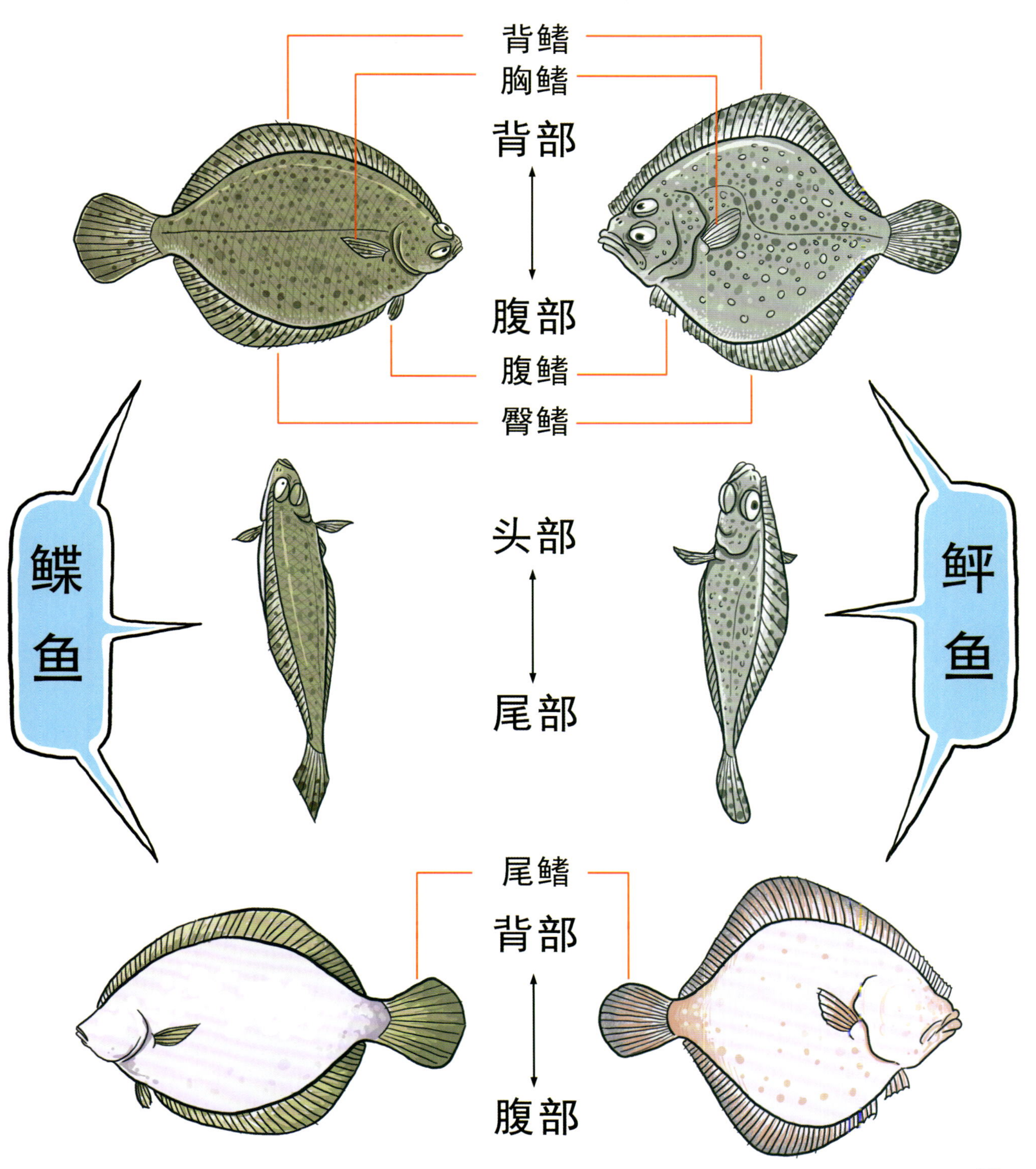

细菌

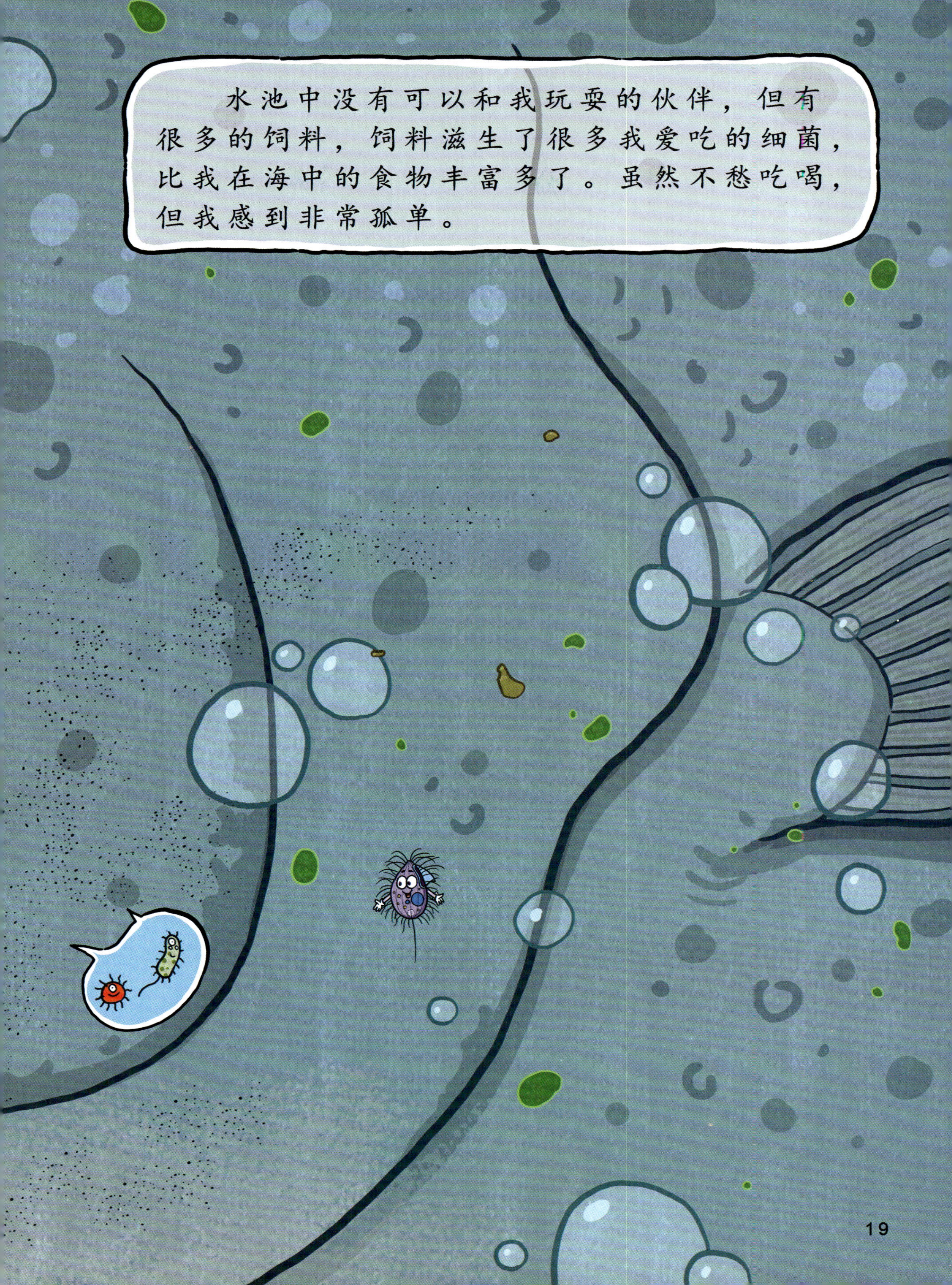
水池中没有可以和我玩耍的伙伴，但有很多的饲料，饲料滋生了很多我爱吃的细菌，比我在海中的食物丰富多了。虽然不愁吃喝，但我感到非常孤单。

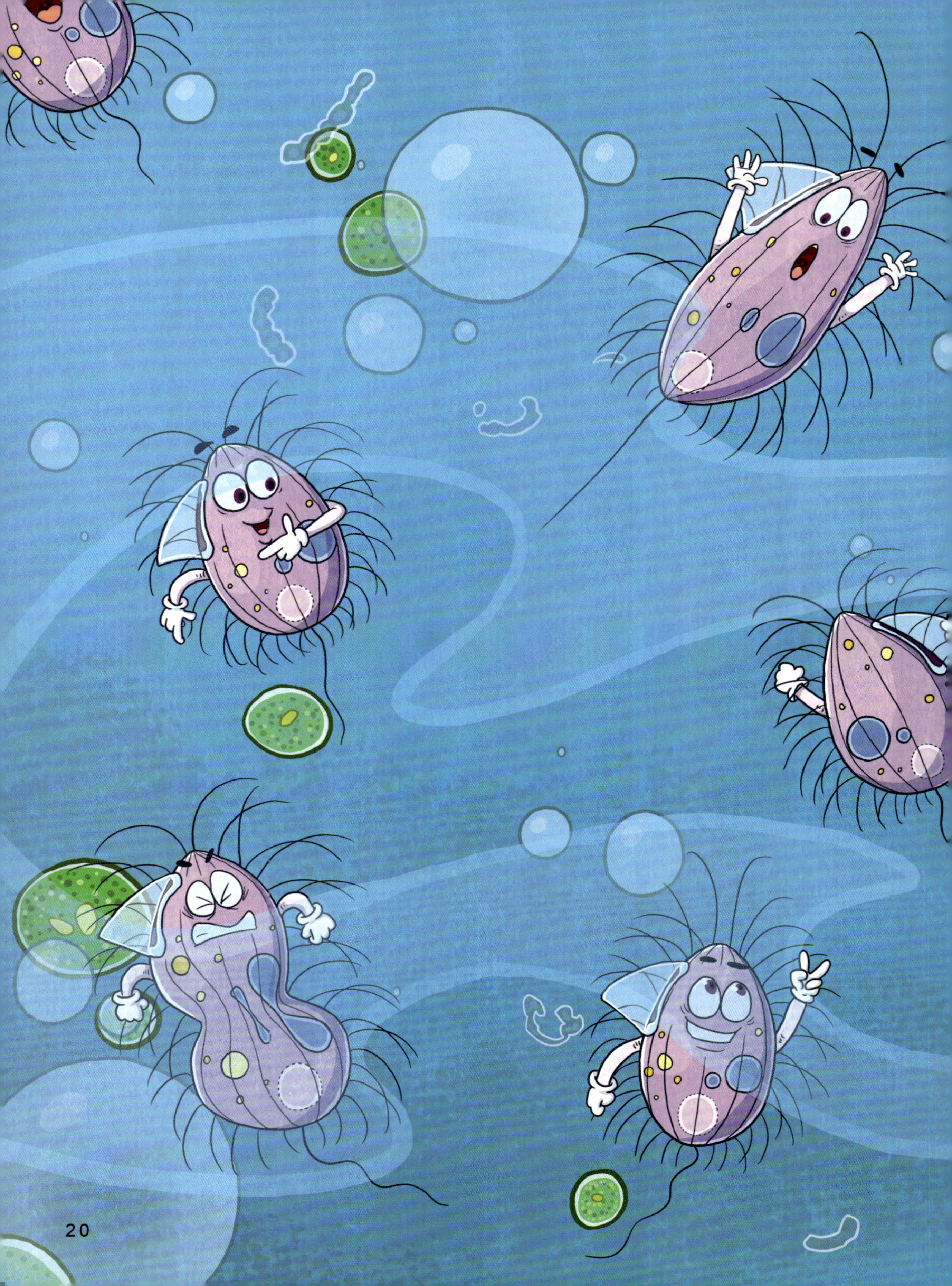

如果跟鱼儿们一样有很多的小伙伴，那样多好啊！于是，我使用分身术分裂出好多伙伴，再也不孤单了！

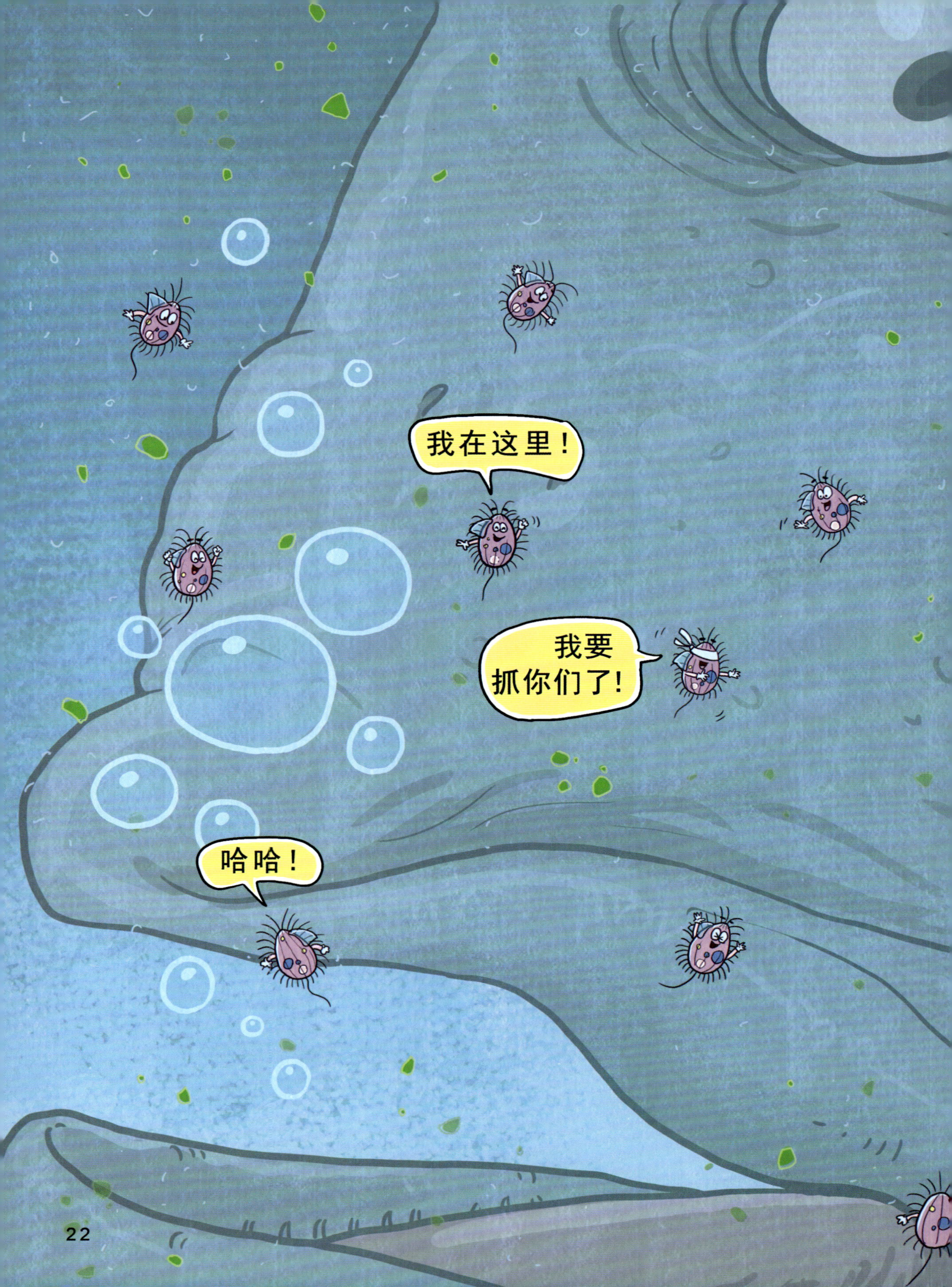
我在这里！
我要
抓你们了！
哈哈！

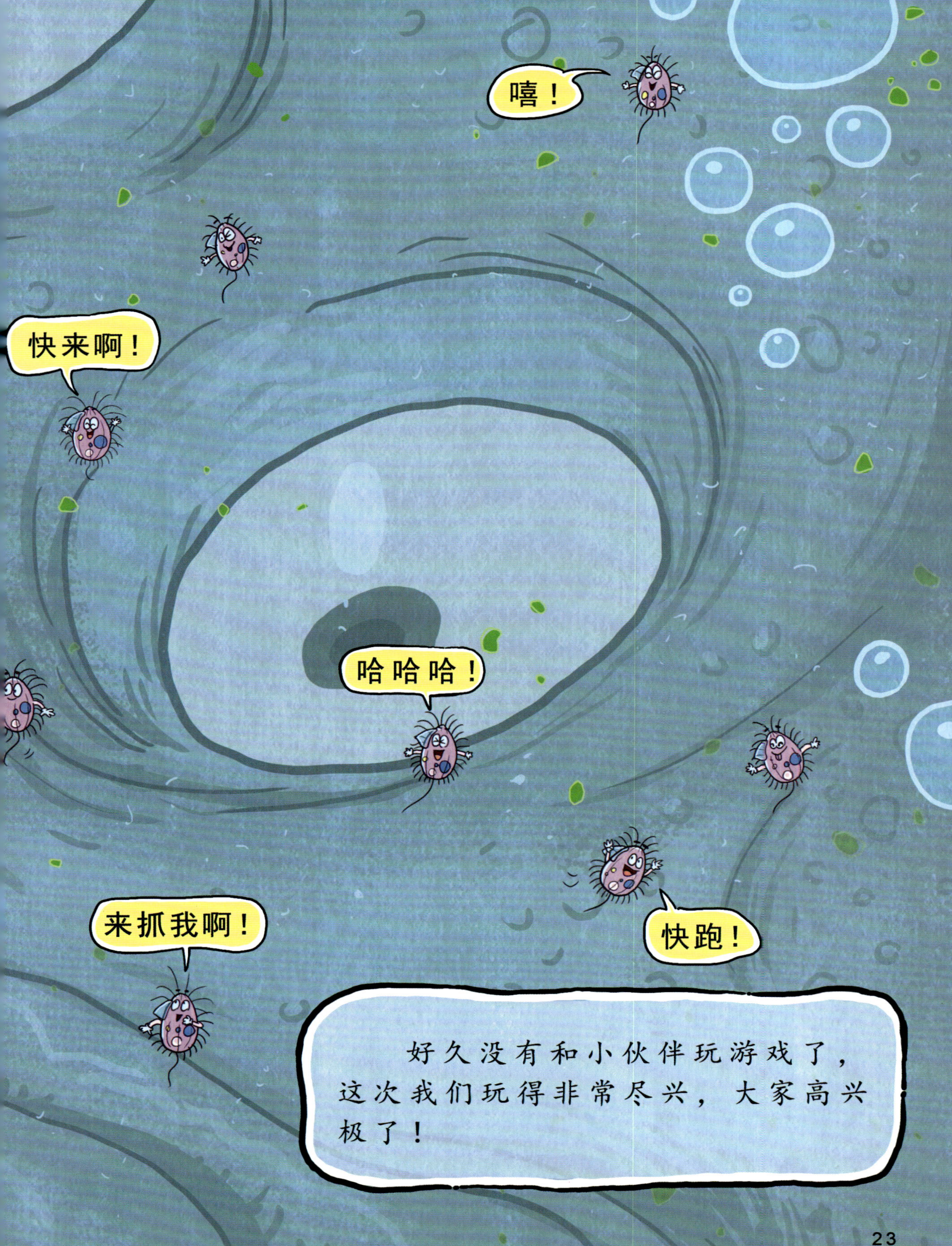
嘻！
快来啊！
哈哈哈！
来抓我啊！
快跑！
好久没有和小伙伴玩游戏了，这次我们玩得非常尽兴，大家高兴极了！

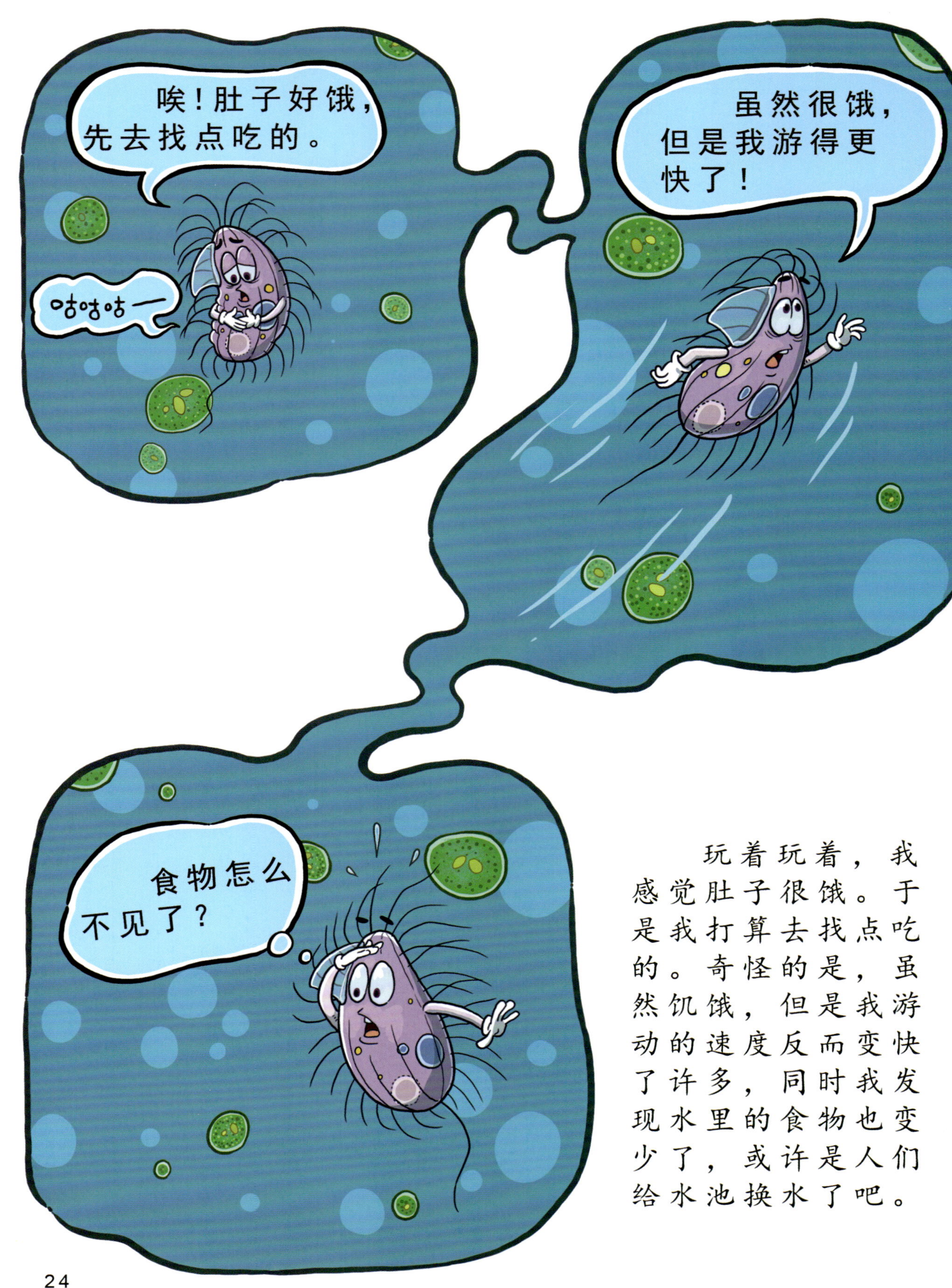

唉！肚子好饿，先去找点吃的。
咕咕咕——
虽然很饿，但是我游得更快了！
食物怎么不见了？

玩着玩着，我感觉肚子很饿。于是我打算去找点吃的。奇怪的是，虽然饥饿，但是我游动的速度反而变快了许多，同时我发现水里的食物也变少了，或许是人们给水池换水了吧。

最后我在水池角落里发现了我的食物——细菌们。我摆动口部的纤毛将细菌过滤到嘴里。我吃得越来越多，身体也变得越来越胖，最后都游不动了，只能贴着水池底部缓慢地爬动。

悲惨的是，人们往水池里撒了除虫药，这药对小鱼几乎没有什么危害，但是对我们是致命的，我的很多小伙伴都未幸免于难，幸好我躲在水底活了下来。

救命！

等危险过去之后，我和幸存者们看到了同伴们的尸体，都伤心地哭了起来。

但是生活还要继续，我们又分裂出很多伙伴。

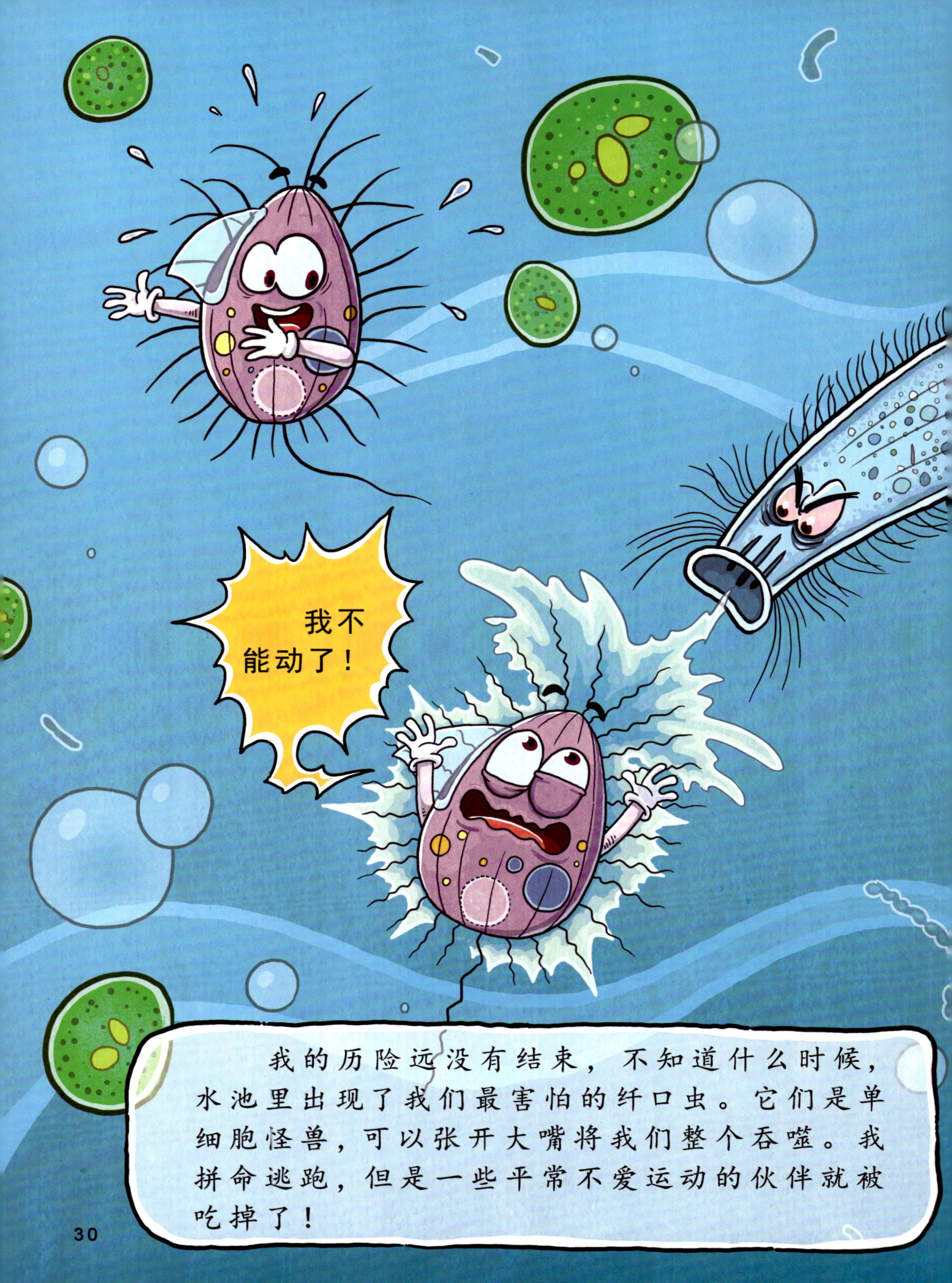
我不
能动了！
我的历险远没有结束，不知道什么时候，水池里出现了我们最害怕的纤口虫。它们是单细胞怪兽，可以张开大嘴将我们整个吞噬。我拼命逃跑，但是一些平常不爱运动的伙伴就被吃掉了！

好可怕！

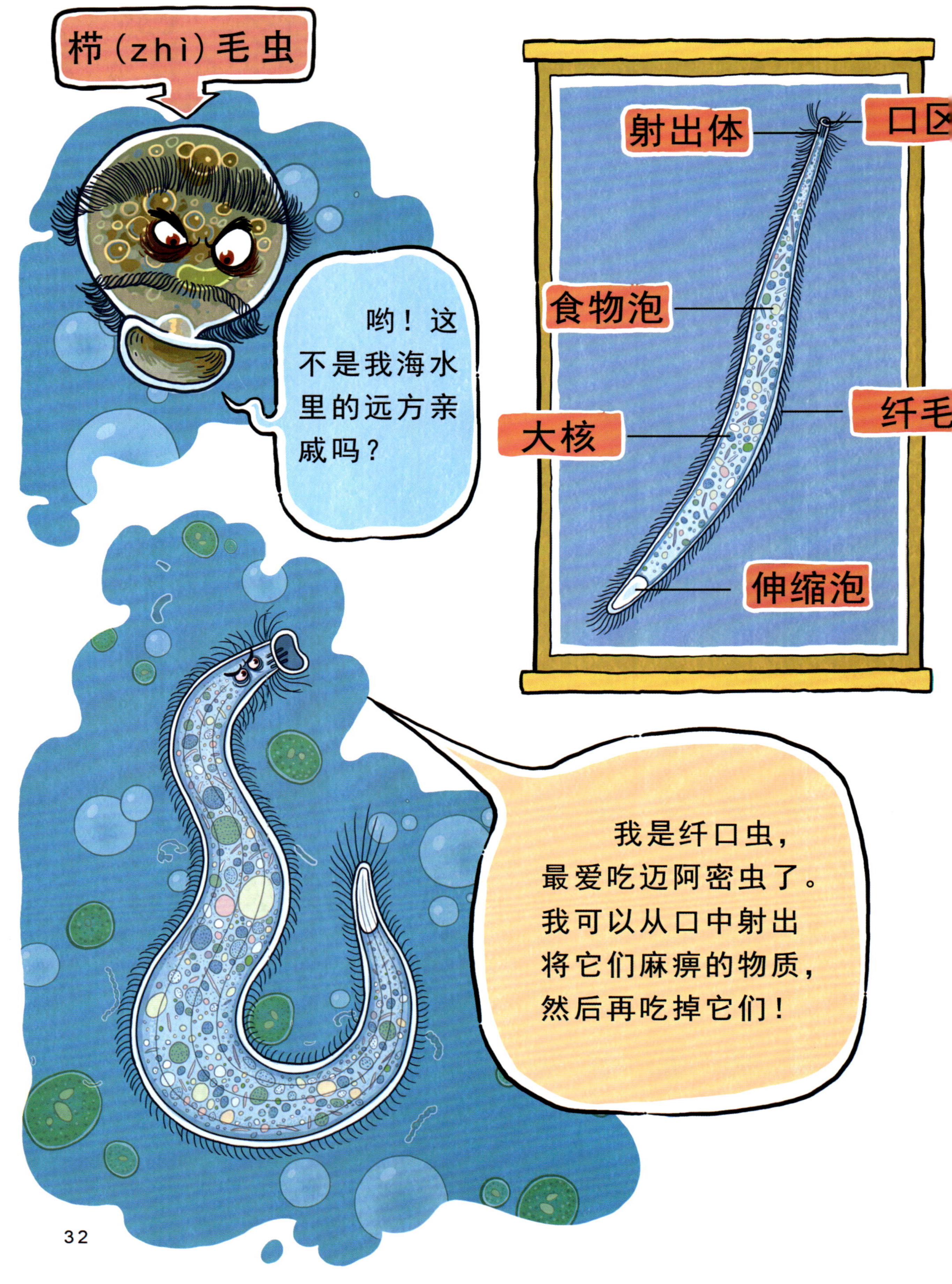

栉(zhì)毛虫
哟！这不是我海水里的远方亲戚吗？
射出体
口区
食物泡
纤毛
大核
伸缩泡
我是纤口虫，最爱吃迈阿密虫了。我可以从口中射出将它们麻痹的物质，然后再吃掉它们！

自从水里出现了纤口虫之后，我们每天都要提心吊胆、躲躲藏藏的，再也不能像以前那么无忧无虑了。不过幸运的是，随着时间推移，我们再也没有遇到过纤口虫。

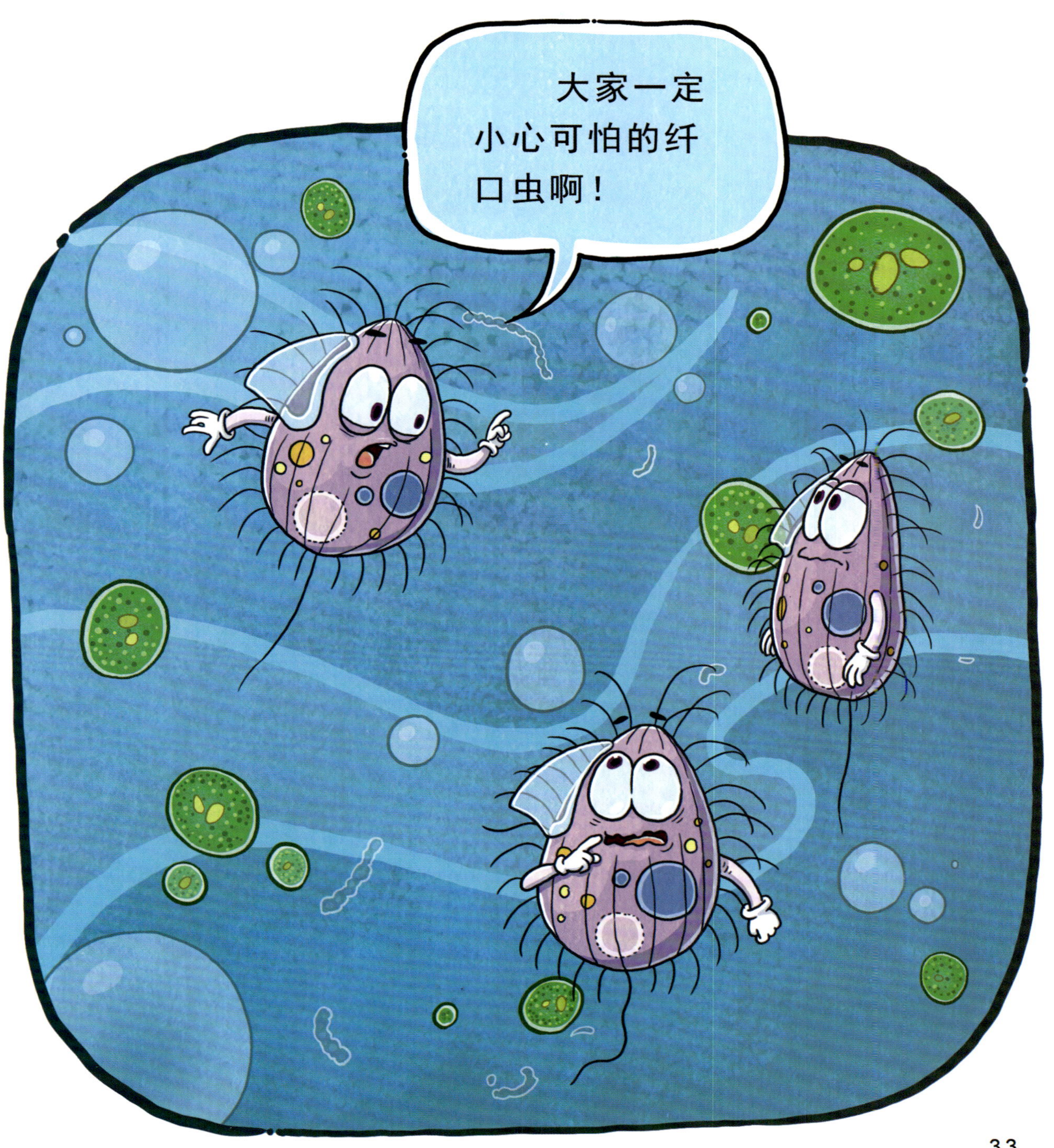

好挤啊……
哎哟！你的
鱼鳍划伤我了！

小鱼越长越大，水池也越来越拥挤了！许多鱼难免会因为碰撞而留下伤口。
让一让！
对不起啊，太挤了……

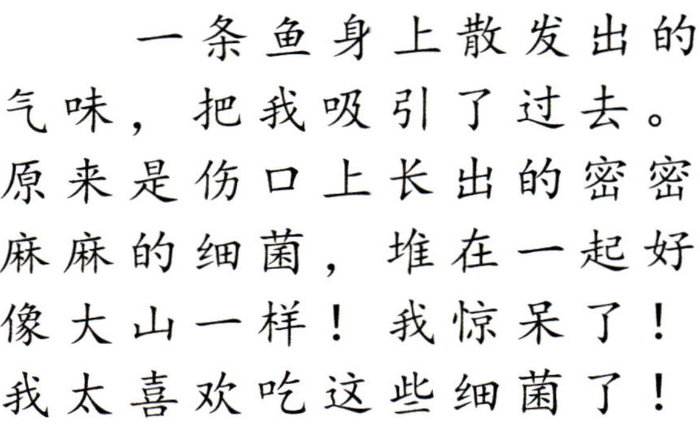

一条鱼身上散发出的气味，把我吸引了过去。原来是伤口上长出的密密麻麻的细菌，堆在一起好像大山一样！我惊呆了！我太喜欢吃这些细菌了！

我一头扎进细菌山，狂吃起来。同时，我还分裂出无数的伙伴，一起分享盛宴！鱼的伤口就是宝藏啊，我们就不用辛苦地到处找美味的细菌了。

伤口

细菌群
?!

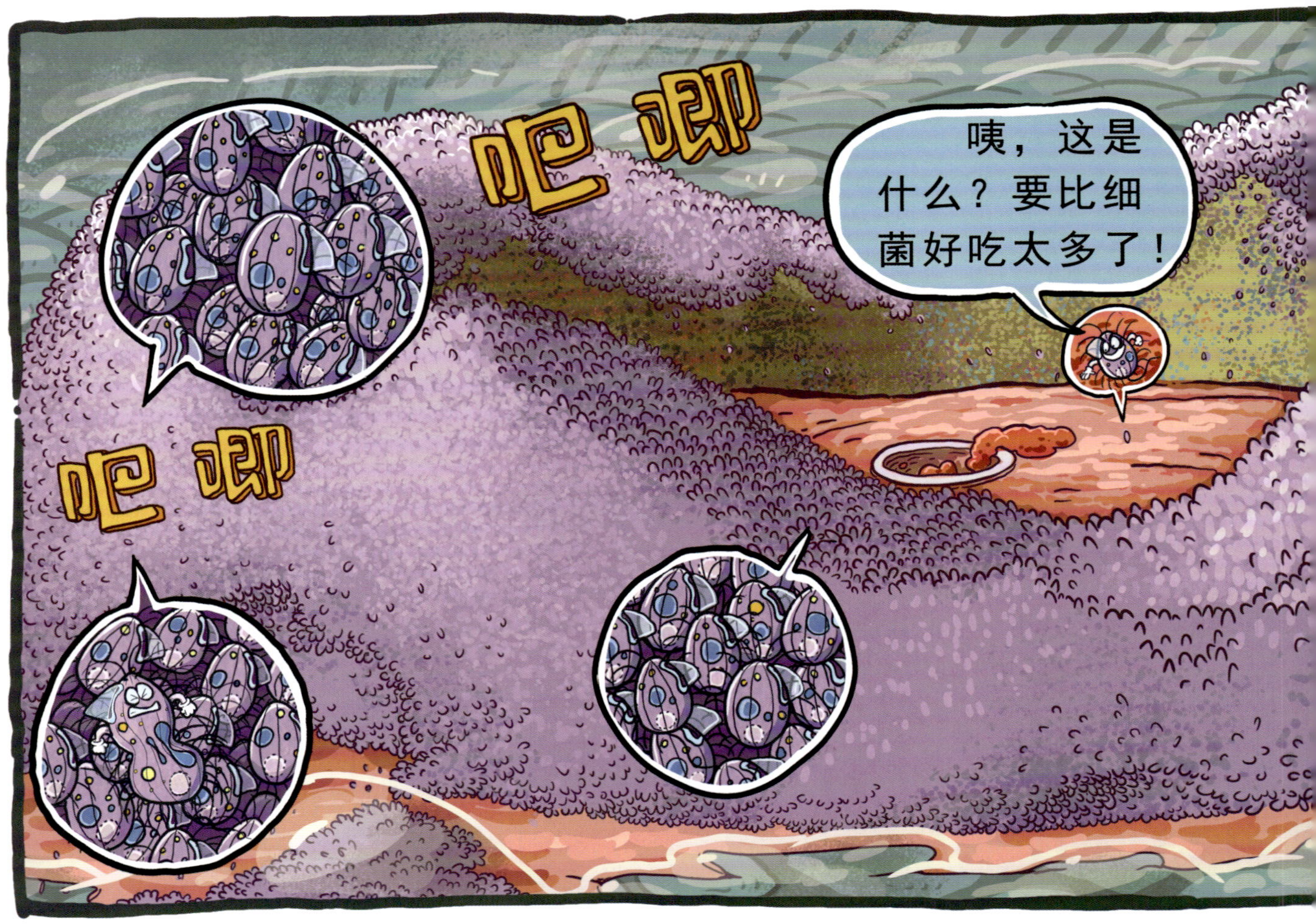

很快，细菌山变成了虫山，到处都是迈阿密虫了……

突然，在细菌山脚下的一些伙伴和我，被伤口中的一条破裂的血管吸引住了。血管还在流血，里面不仅有细菌，还有很多红色的血细胞。我们尝了尝，血细胞竟然比细菌还好吃！我们疯了一样前赴后继地钻进血管，顺着血液进入鱼的全身，同时不停分裂出更多的伙伴。

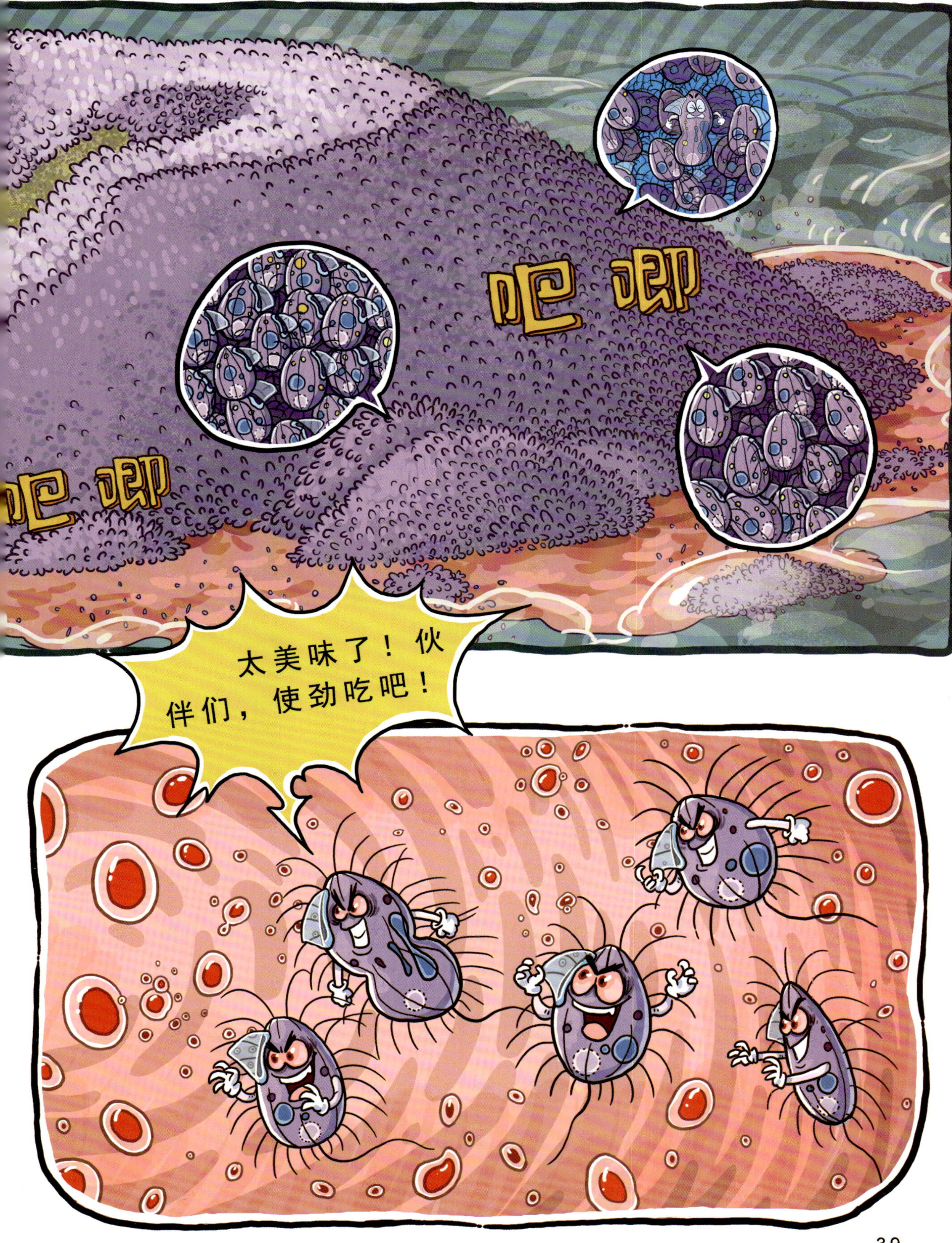
吧唧
吧唧
太美味了！伙伴们，使劲吃吧！

哈哈哈……

我们越来越疯狂，已经不满足只在一条鱼身上吃血细胞了，我们开始向更多的鱼发起进攻，几乎所有鱼的伤口都被我们占领了。

随着我们分裂得越来越多，不断吞噬鱼体内的各种组织和细胞，甚至进入其脑中。鱼的伤势也变得越来越严重。终于，有的鱼承受不住死去了。

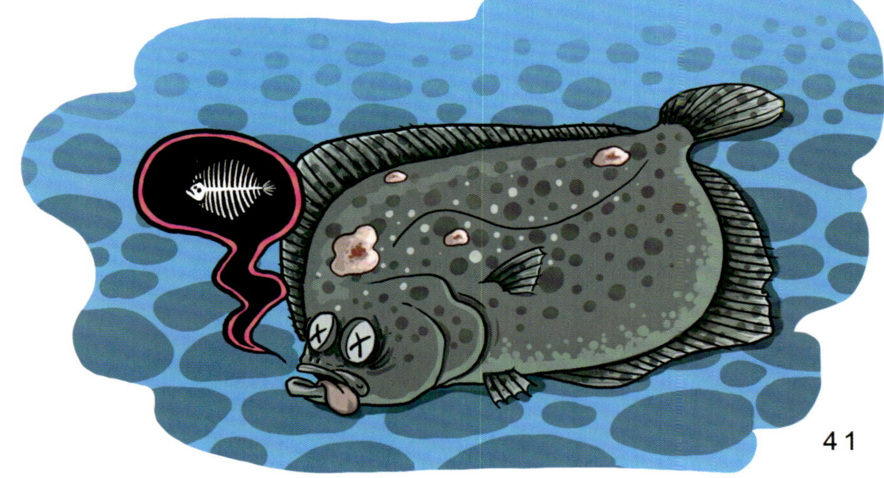

人类来检查养殖情况时，发现了死去的鱼，于是将它们捞起来，想搞清楚鱼的死因。

就这样，人类把死鱼带进了实验室，从鱼体上把我们分离出来，然后在显微镜下看到了我们。之后人类将我们放入试管，并用细菌喂养我们。

只吃细菌的我，成了实验室众多研究对象的一员。我和很多小虫们都交上了朋友。研究工作节奏快且辛苦，要面临很多的不确定性和反复的失败。但我们都很喜欢这份工作，因为和忙碌在实验室的人类一样，每一个瞬间的科研进展，都会让我们的好奇心不停得到满足，一点一滴的发现都会让大家兴奋不已。我们会在科学的道路上一直走下去的！

这是存放我们的培养箱。

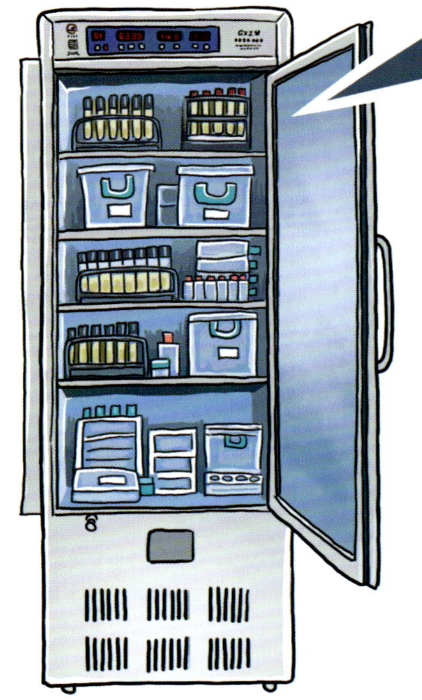

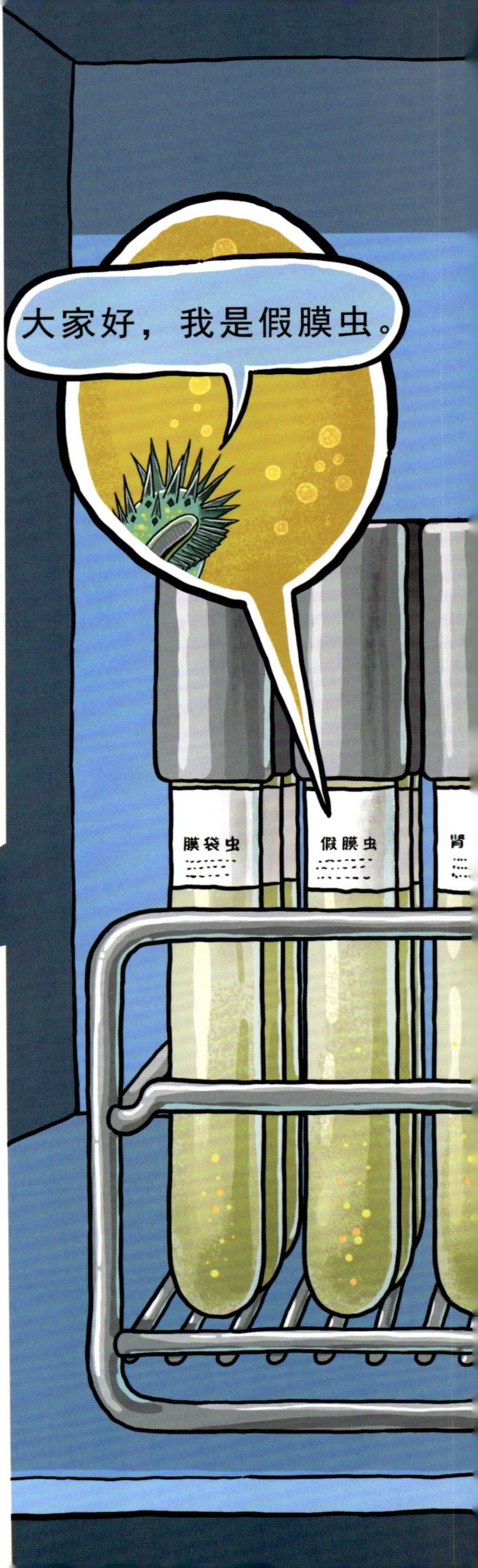

大家好，我是假膜虫。

膜袋虫

假膜虫

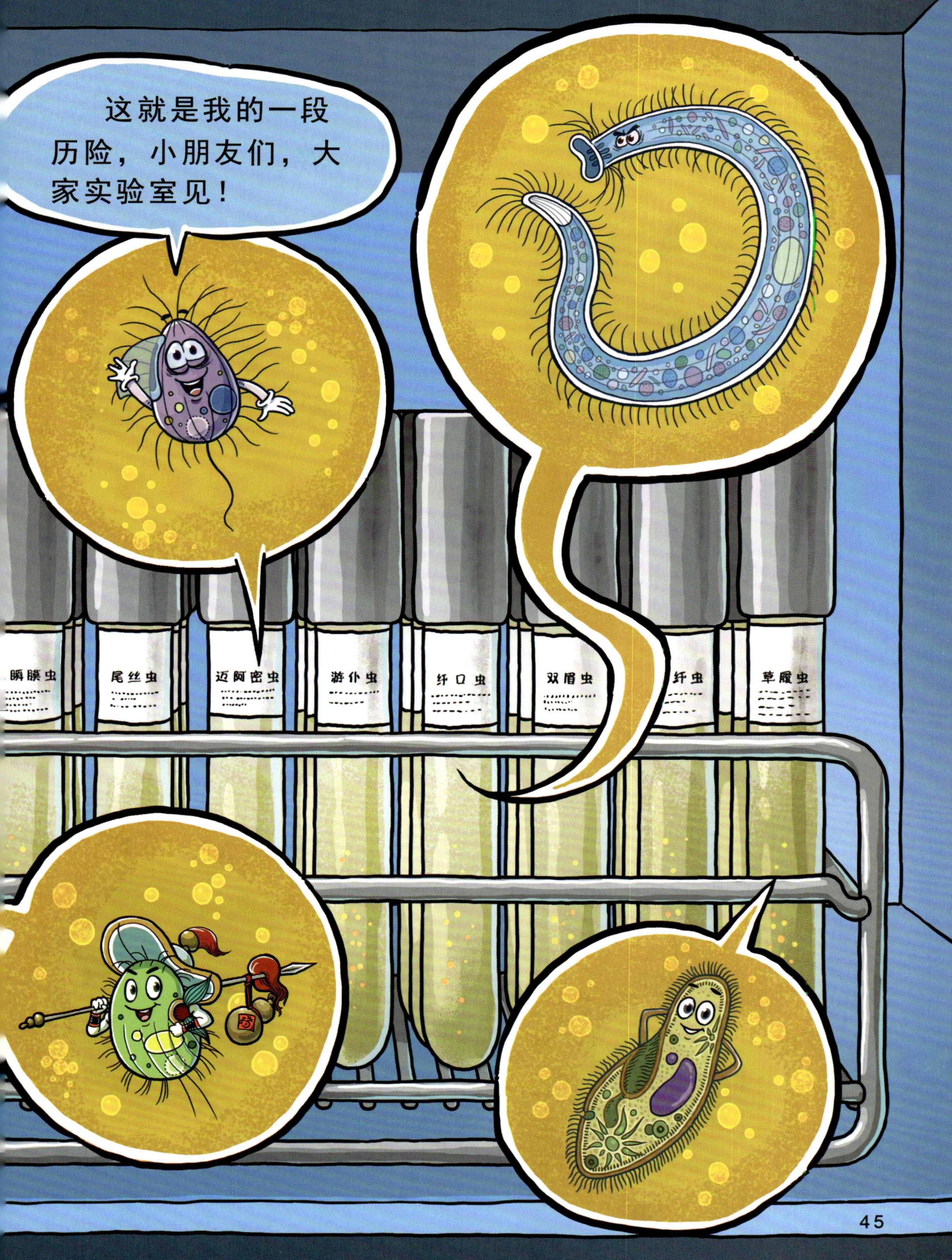
这就是我的一段历险，小朋友们，大家实验室见！
瞬膜虫
尾丝虫
迈阿密虫
游仆虫
纤口虫
双眉虫
纤虫
草履虫

结　语

在产学研相结合的科研导向大背景下，基础生物学研究者经常被询问如何将研究结果转化成应用型产品，而大多数人潜意识里的应用，往往局限于吃、穿、住、行、药等。科学工作者们能不能把奇妙的科学现象和规律转化为小朋友可以看懂的科普作品呢？秉承科学素养要从娃娃开始培养的理念，我们把多年来原生生物学家们积累的一些纤毛虫知识和猜想，浓缩到一个个自然环境场景里。希望小朋友们在读完本丛书后，可以了解到微观世界的奥妙、生命的多样、自然的伟大。

感谢国家自然科学基金委国际（地区）合作与交流项目（31961123002）、中国科普研究所“院士专家科普创作工作室”试点项目（210107ECP047）、山东省“泰山学者青年专家”项目（tsqn201812024）和海水养殖教育部重点实验室（中国海洋大学）在本书出版过程中的大力资助。周演根、刘士凯、张可心、龙安娜、龙安迪等提供的理论背景和文字校对，也为本书的知识性和严谨性提供了重要保障。

龙江平

于中国海洋大学鱼山校区

2022年5月29日

本书作者介绍

所有作者均来自中国海洋大学海洋生物多样性与进化研究所进化基因组学实验室。该实验室以纤毛虫、细菌、酵母等生物为研究对象，主要进行生物多样性的产生、演变与应用研究。

潘 娇

博士研究生，1995年生，研究方向为海洋原生动物的生活史演化。

李海潮

博士研究生，1996年生，研究方向为土壤原生动物的生活史演化。

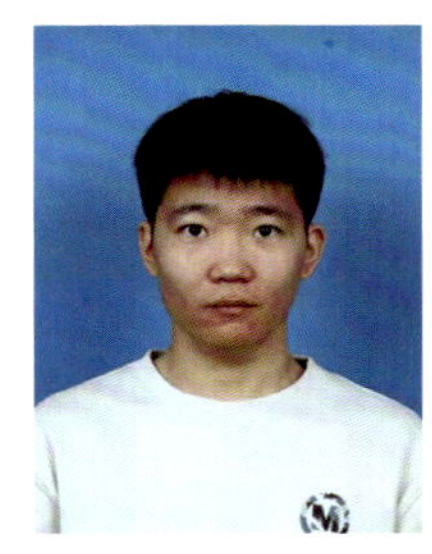

倪家豪

博士研究生，1997年生，专注于草履虫的生物多样性与演化研究。

教授，1982年生，研究聚焦生物的突变规律和原生动物的生活史演化。